高等职业教育系列教材

建筑工程力学

武　霞　吴春梅　主编

中国建筑工业出版社

图书在版编目（CIP）数据

建筑工程力学 / 武霞，吴春梅主编. — 北京：中
国建筑工业出版社，2024.7. —（高等职业教育系列教
材）. — ISBN 978-7-112-29942-3

Ⅰ. TU311

中国国家版本馆 CIP 数据核字第 2024Y8Y414 号

本教材分为两个模块，共7个项目，包括绪论、走进建筑力学、打开建筑
力学的大门、杆件内部效应研究基础、轴向拉（压）杆的承载能力计算、平面
弯曲梁的内力计算、平面弯曲梁的承载能力计算。

本教材可作为高等职业院校土建类相关专业的教学教材，也可以作为函授
和自学考试辅导用书，还可供建筑工程施工现场相关技术和管理人员工作时参
考使用。

为方便教学，作者自制课件资源，索取方式为：1. 邮箱：jckj @
cabp. com. cn；2. 电话：(010)58337285；3. 建工书院：http://edu. cabplink. com。

责任编辑：王予芊
责任校对：芦欣甜

高等职业教育系列教材

建筑工程力学

武　霞　吴春梅　主编

*

中国建筑工业出版社出版、发行(北京海淀三里河路9号)

各地新华书店、建筑书店经销

北京红光制版公司制版

建工社（河北）印刷有限公司印刷

*

开本：787 毫米×1092 毫米　1/16　印张：10¾　字数：265 千字
2024 年 7 月第一版　　2024 年 7 月第一次印刷
定价：**38. 00** 元（赠教师课件）
ISBN 978-7-112-29942-3
(43041)

前　言

　　"建筑工程力学"是建筑工程设计人员和施工技术人员必须掌握的专业基础课程。作为结构设计人员，只有掌握建筑力学知识，才能正确地对结构进行受力分析和力学计算，保证所设计的结构既安全可靠又经济合理；作为施工技术及施工管理人员，只有掌握建筑力学知识，了解结构和构件的受力情况、各种力的传递途径以及结构和构件在这些力的作用下会发生怎样的破坏等，才能避免质量和安全事故的发生，确保建筑施工正常进行。建筑力学的任务是研究结构的几何组成规律以及在荷载作用下结构和构件的强度、刚度和稳定性问题；它是"建筑结构""建筑施工技术""地基与基础"等课程的基础，是高等职业院校土木建筑大类相关专业一门十分重要的专业基础课程。

　　本教材以适应社会需求为目标，以培养技术能力为主线组织编写，在编写内容上以"够用"为度，以"实用"为准，理论紧密联系实际，深入浅出，主要体现出如下特色：

　　1. 本教材落实"立德树人"根本任务，促进学生成为德智体美劳全面发展的社会主义接班人。在教学中融入思想政治教育，推动中华民族文化自信自强。

　　2. 在本教材编写过程中力求体现高等职业教育教学改革的特点，突出针对性、实用性，重视由浅入深和理论联系实际，做到了图文配合紧密、通俗易懂。

　　3. 以社会需求为基本依据，以就业为导向，以学生为主体，体现教学组织的科学性和灵活性的原则。

　　4. 在保证系统性的基础上，体现内容的先进性，并通过例题、习题加强对学生动手能力的培养和训练。

　　5. 每个项目编排了"任务强化"和"项目考核"，突出工程概念的培养和力学在工程技术中的应用，删除了一些偏深和偏难的内容。在编写过程中，注意通过对工程实例的简化和比较，培养学生建立模型和解决实际问题的能力。教材中每个项目重难点知识配套有视频教学，方便学生课后进行自主学习。

　　本教材由广西理工职业技术学院武霞、吴春梅老师担任主编并统稿；黄慧、黄首、黄淑钊老师担任副主编；王少辉、朱维峰老师参编。其中武霞老师编写项目6和综合考核（一）；吴春梅老师编写项目5；黄慧老师编写项目1；黄淑钊老师编写项目2和综合考核（二）；黄首老师编写项目3和项目4；朱维峰老师编写项目0、绪论，王少辉老师进行汇总。

　　本教材在编写过程中参阅了大量资料，吸收、引用了部分优秀力学教材的内容，同时也得到了许多领导和老师们的支持及帮助，在此一并表示衷心的感谢！

　　限于水平和编写时间仓促，难免有疏漏或不妥之处，恳请同行专家和广大读者批评指正。

目　录

模块一　建筑力学入门

——建筑力学基础知识

项目 0

Chapter 0

绪　　论

知识目标

1. 了解建筑力学的研究内容。
2. 了解建筑力学的研究任务。
3. 了解静定结构的刚体、变形固体及其基本假设。
4. 掌握杆件变形的基本形式。
5. 了解荷载的分类。

能力目标

1. 能简述建筑力学的研究对象。
2. 能掌握建筑力学中变形固体的三个基本假设。
3. 能掌握建筑力学中杆件的几何特征。
4. 能掌握结构的强度、刚度、稳定性概念。

建筑力学是将理论力学中的静力学、材料力学、结构力学等课程中的主要内容，依据知识自身的内在连续性和相关性，重新组织形成建筑力学知识体系。

建筑的发展和力学是密不可分的，可以说没有可靠的力学与结构分析就没有安全而又实用的优秀建筑。尤其是对于现代建筑的意义更为重要，每一座好的建筑在建造前都要通过很多次的实验验证与安全评估，否则将产生诸多不好的后果，损失难以估计。首先是建筑结构的合理性，选取合适节省材料的结构方式完成工程很重要。尤其要考虑到安全因素，从整体的静力分析到有限单元的桁架与混凝土结构再到外部环境因素，如风载荷、地震波、特殊场地的特殊设计要求等，这些都是我们要关注的。

相关知识

任务 0.1 建筑力学的内容和任务

　　随着城市现代化进程的加快和新材料、新技术、新工艺的不断涌现以及工程设计理念和新型建筑结构形式不断创新，创造了许多工程奇迹，如新型体育馆建筑（图 0-1）、大型水利工程（图 0-2）、大跨桥梁（图 0-3）、高层建筑群（图 0-4）以及核电站、新能源工程、大海港以及海洋工程等，现代建筑工程不断地为人类社会创造崭新的物质环境，成为人类社会现代文明的重要组成部分。

图 0-1

图 0-2

图 0-3

图 0-4

建筑的发展对力学分析提出了新的课题和更高的要求，解决这些工程问题，既促进了工程建设的发展，同时也扩展了力学的研究领域。建筑力学可为上述工程建设提供必备的理论基础。

0.1.1　结构与构件

建筑物中承受荷载，起骨架作用的部分称为结构。如图 0-5 所示，即为一单层厂房结构。结构受荷载作用时，如不考虑建筑材料的变形，其几何形状和位置不发生改变。

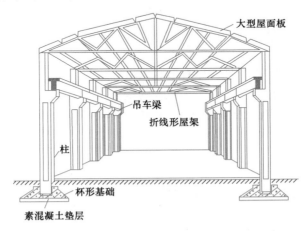

大型屋面板

吊车梁

折线形屋架

柱

杯形基础

素混凝土垫层

图 0-5

组成结构的各单独部分称为构件。图 0-5 中的基础、柱、吊车梁、屋面板等均为构件。

结构一般可按其几何特征分为三种类型：

1. 杆系结构：组成杆系结构的构件是杆件。杆件的几何特征是其长度远远大于横截面的宽度和高度。

2. 薄壁结构：组成薄壁结构的构件是薄板或薄壳。薄板、薄壳的几何特征是其厚度远远小于其另两个方向的尺寸。

3. 实体结构：是三个方向的尺寸基本为同量级的结构。建筑力学以杆系结构作为研究对象。

0.1.2　建筑力学的任务和内容

建筑力学的任务是研究能使建筑结构安全、正常地工作且符合经济要求的理论和计算方法。

建筑力学的内容包含以下几部分：

1. 静力学基础：研究物体的受力、力系简化与平衡的理论以及杆系结构的组成规律等。

2. 内力分析：研究静定结构和构件内力的计算方法及其分布规律。

3. 强度、刚度和稳定性问题：

（1）强度，是指构件所具有的抵抗破坏的能力。构件在工作条件下不被破坏，即该构件具有抵抗破坏的能力，满足了强度要求。

强度问题是研究构件满足强度要求的计算理论和方法。解决强度问题的关键是作构件的应力分析。

当结构中的各构件均已满足强度要求时，整个结构也就满足了强度要求，因此，研究强度问题时，只需以构件为研究对象即可。

（2）刚度，是指构件所具有的抵抗变形的能力。结构或构件在工作条件下所发生的变形未超过工程允许的范围，即该结构或构件具有抵抗变形的能力，满足了刚度要求。

刚度问题是研究结构或构件满足刚度要求的计算理论和方法。解决刚度问题的关键是求结构或构件的变形。

（3）稳定性，是指结构或构件的原有形状保持稳定的平衡状态。结构或构件在工作条件下不会突然改变原有的形状，以致发生过大的变形而导致破坏，即满足了稳定性要求。

本教材只着重介绍压杆稳定的概念，局限于研究不同支承条件下的压杆的稳定性问题。

任务 0.2　刚体、变形固体及其基本假设

结构和构件可统称为物体。在建筑力学中将物体抽象化为两种计算模型，即刚体模型、理想变形固体模型。

0.2.1　刚体

刚体是受力作用而不变形的物体。实际上，任何物体受力作用都发生或大或小的变形，但在一些力学问题中，物体变形这一因素与所研究的问题无关，或对所研究的问题影响甚微，这时，就可以不考虑物体的变形，将物体视为刚体，从而简化所研究的问题。

在微小变形情况下，变形因素对求解平衡问题和求解内力问题的影响甚微。因此，研究平衡问题和采用截面法求解内力问题时，可将物体视为刚体，即研究这些问题时，应用刚体模型。

0.2.2　变形固体及其基本假设

在另一些力学问题中，物体变形这一因素是不可忽略的主要因素，如不予考虑则无法正确解答问题。这时，将物体视为理想变形固体。所谓理想变形固体，是将一般变形固体的材料性质加以理想化，作出以下假设：

1. 连续性假设

认为物体的材料结构是密实的，物体内材料是无空隙且连续分布的。

2. 均匀性假设

认为材料的力学性质是均匀的，从物体上任取或大或小的一部分，材料的力学性质均相同。

3. 各向同性假设

各向同性假设认为材料的力学性质是各向同性的，材料沿不同的方向具有相同的力学性质。有些材料沿不同方向的力学性质是不同的，称为各向异性材料。本教材主要研究各向同性材料。

按照连续、均匀、各向同性假设而理想化的一般变形固体称为理想变形固体。采用理想变形固体模型不但使理论分析和计算得到简化，且在大多数情况下，其所得结果的精度能满足工程的要求。

在研究强度、刚度、稳定性问题以及超静定结构问题时，即使在小变形情况下，变形因素也是不可忽略的重要因素。因此，研究这些问题时，需将物体视为理想变形固体，应用理想变形固体模型。

无论是刚体还是理想变形固体，都是针对所研究的问题的性质，省略一些次要因素，

保留对问题起决定性作用的主要因素，而抽象化形成的理想物体，它们在生活和生产实践中并不存在，但解决力学问题时，它们是必不可少的理想化力学模型。

变形固体受荷载作用时将产生变形。当荷载值不超过一定范围，在荷载撤去后，变形随之消失，物体恢复原有形状。撤去荷载即可消失的变形称为弹性变形。当荷载值超过一定范围，在荷载撤去后，一部分变形随之消失，另一部分变形仍然残留下来，物体不能恢复原有形状。撤去荷载仍残留的变形称为塑性变形。在多数工程问题中，要求构件只发生弹性变形（也有些工程问题允许构件发生塑性变形）。本教材只研究弹性变形范围内的问题。

任务 0.3　杆件变形的基本形式

　　杆系结构中的杆件其轴线多为直线，也有轴线为曲线和折线的杆件。它们分别称为直杆、曲杆和折杆，如图 0-6 所示。

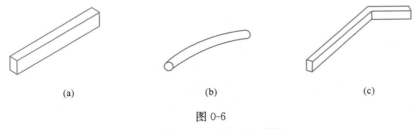

图 0-6
（a）直杆；（b）曲杆；（c）折杆

　　横截面相同的杆件称为等截面杆；横截面不同的杆件称为变截面杆，如图 0-7 所示。

图 0-7
（a）等截面杆；（b）变截面杆

　　杆件受外力作用将产生变形。变形形式是复杂多样的，它与外力施加的方式有关。无论何种形式的变形，都可归结为四种基本变形形式之一或者是基本变形形式的组合。杆件变形的基本形式有轴向拉伸或轴向压缩、剪切、扭转以及弯曲变形四种，此部分内容将在"3.1.2 杆件的基本变形形式及组合变形"中展开讲解。

　　各种基本变形形式都是在上述特定的受力状态下发生的。杆件正常工作时的实际受力状态往往比上述特定的受力状态复杂，所以杆件的变形多为各种基本变形形式的组合。当某一种基本变形形式起主要作用时，可按这种基本变形形式计算，否则，即属于组合变形的问题。

任务 0.4　荷载的分类

结构工作时所承受的外力称为荷载。荷载可分为不同的类型。

0.4.1　按荷载作用的范围分

按荷载作用的范围可分为分布荷载和集中荷载。

分布作用在体积、面积和线段上的荷载分别称为体荷载、面荷载和线荷载，并统称为分布荷载。重力属于体荷载，风、雪的压力等属于面荷载。本教材只研究由杆件组成的结构，可将杆件所受的分布荷载视为作用在杆件的轴线上。这样，杆件所受的分布荷载均为线荷载。

如果荷载作用的范围与构件的尺寸相比十分微小，这时可认为荷载集中作用于一点，并称为集中荷载。

当以刚体为研究对象时，作用在构件上的分布荷载可用其合力（集中荷载）来代替。例如，分布的重力荷载可用作用在重心上的集中合力来代替。当以变形固体为研究对象时，作用在构件上的分布荷载则不能任意地用其集中合力来代替。

0.4.2　按荷载作用时间的长短分

按荷载作用时间的长短可分为恒荷载和活荷载。

永久作用在结构上的荷载称为恒荷载。结构的自重、固定在结构上的永久性设备等属于恒荷载。

暂时作用在结构上的荷载称为活荷载。风、雪荷载等属于活荷载。

0.4.3　按荷载作用的性质分

按荷载作用的性质可分为静荷载和动荷载。

由零逐渐增加到最后值的荷载称为静荷载。静荷载作用的基本特点是：荷载施加过程中，结构上各点产生的加速度不明显；荷载达到最后值以后，结构处于静止平衡状态。

大小或方向随时间而改变的荷载称为动荷载。机器设备的运动部分所产生的扰力荷载属于动荷载；地震时由于地面运动在结构上产生的惯性力荷载也属于动荷载。动荷载作用的基本特点是：由于荷载的作用，结构上各点产生明显的加速度，结构的内力和变形都随时间而发生变化。

任务 0.5 小结

1. 建筑结构是在建筑物或构筑物中起骨架（承受和传递荷载）作用的主要物体。

2. 变形固体是在外力作用下，会产生变形的固体。

3. 弹性变形是外力消除时，变形随之消失的变形。

4. 变形固体的基本假设：

（1）均匀连续假设。假设变形固体在其整个体积内用同种介质毫无空隙地充满了物体。

（2）各向同性假设。假设变形固体沿各个方向的力学性能均相同。

（3）小变形假设。构件在荷载作用下，其变形与构件的原尺寸相比通常很小，可以忽略不计，称这一类变形为小变形。

5. 杆系结构是由杆件组成的结构。

6. 强度是结构抗破坏的能力；刚度是结构变形的能力；稳定性是结构保持原有平衡形态的能力。

7. 建筑力学分析方法包括理论分析、实验分析和数值分析。

8. 建筑力学的研究对象是均匀连续的、各向同性的、弹性变形的固体，且限于小变形范围的杆件和杆件组成的杆系结构。

9. 建筑力学的任务是杆系结构必须满足一定的组成规律，才能保持结构的稳定从而承受各种作用。杆系结构的形式各异，但必须具备可靠性、适用性、耐久性。

项目 1

Chapter 01

走进建筑力学

知识目标

1. 了解静力学的概念及基本原理。
2. 掌握静力学的基础计算。
3. 理解结构的计算简图。
4. 熟练掌握物体受力分析与受力画法。

能力目标

1. 能掌握基本静力概念和基本的力学规律。
2. 能熟练地运用简化图形代替实际结构进行计算。
3. 能分析约束力和约束反力，进行物体的受力分析。

项目概要

本项目是静力学部分的基础，介绍静力学的基本概念及基本原理以及结构的计算简图和受力分析与受力图的绘制方法，这些基本概念及基本原理是静力分析和基础运算的基础；受力分析与受力图的内容是学习本项目内容必须先掌握的一项重要基本技能。

任务 1.1　认知静力学基本概念及基本原理

任务介绍

1. 介绍静力学的概念和表示方法。
2. 介绍静力学的基本原理。

静力学
基本原理

任务目标

1. 了解静力学的概念。
2. 掌握静力学的基本原理。

任务引入

按比例量出图 1-1 中力 F 的大小为 20N，力的方向与水平线夹角为 30°，指向右上方，作用在物体的 A 点上。请把力的三要素描述在图 1-1 中。

图 1-1

任务分析

按照力的三要素内容要求，画出如图 1-2 所示的力的三要素简图，先确定力的大小为 20N，再画出水平线段和一根与水平线段为 30°的夹角且方向向右，再确定作用力夹角点为 A 点。

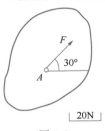

F

30°

A

20N

图 1-2

相关知识

1.1.1 静力学基本概念

1. 力的概念

力是物体间的相互机械作用，这种作用可以改变物体的运动状态或使物体产生变形。

2. 力的分类

力的形式多种多样，大体上可以分为两类：一类是通过物质的一种形式——场，而形成作用力的，如重力、电磁力等，这种作用方式称为间接作用；另一类是由两个物体直接接触而产生的，如两物体间的压力、绳子的拉力等，这种作用方式称为直接作用。

3. 力的三要素

力学中通常把力对物体的作用效果称为力的效应，力对物体的作用效应有两种：第一种是使物体的运动状态发生改变的效应，称这种效应为运动效应或者外效应；第二种是能够使物体的形状及尺寸发生改变的效应，称这种效应为变形效应或内效应。通过实践证明，力对物体的作用效应取决于力的三要素，即力的大小、力的方向和力的作用点。

（1）力的大小：表明物体间相互作用的强弱程度。在国际单位制中，力的度量单位是"牛顿"，简称"牛"（符号用"N"表示），而工程实际中力的常用单位是"千牛顿"，简称"千牛"（符号用"kN"表示），1kN=1000N。

（2）力的方向：力的方向包括力的方位和指向两层含义，可理解为静止的自由质点受此力作用后所产生的运动方向，如同重力的方向是"竖直向下"。

（3）力的作用点：是力的作用范围的抽象化。实际上物体间相互作用的范围不是一个点而是具有一定面积或体积的范围，当作用面积或体积很小时可抽象化为一个点，称之为力的作用点，作用于这个点上的力称为集中力，如图1-3所示。

4. 力的表示

因为力是一个有大小、有方向的量，所以力是矢量。可以用一个带箭头的线段来表示力的三要素，即线段的长度按选定的比例表示力的大小，线段与某直线的夹角表示力的方位，箭头表示力的指向，线段的起点或终点表示力的作用点。沿力的方向的直线称为力的作用线。如图1-4所示，按比例画出力 F 的大小是20kN，力的方向与水平线成30°，指向

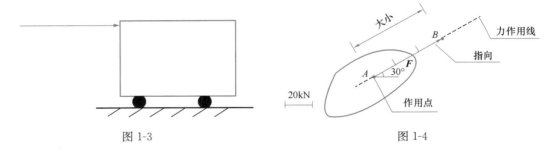

图1-3   图1-4

右上方，作用在物体上的 A 点。

用字母符号表示力矢量时，常用黑体字"$\boldsymbol{F}$"表示，而 F 只表示力矢量的大小。

5. 力系

（1）力系的概念

同时作用在于一个物体的若干个力的集合称为"力系"。

（2）平面力系、空间力系和平衡力系

平面力系：各力的作用线均在同一平面内的力系；

空间力系：各力的作用线不在同一平面内的力系；

平衡力系：满足平衡条件的力系。

（3）力系的分解与合成

如若两个力系对同一刚体分别作用的效果一致，称此二力系互为等效力系。如若一个力和一个力系等效时，则称该力为此力系的合力，而该力系中的各力又称为此合力的分力。

在不改变物体作用效应的前提下，用一个简单力系代替一个复杂力系的过程称为力的分解，力的合成和分解都称为力系的静力等效代换。

1.1.2　静力学基本原理

静力学公理是人们在生产和生活中长期积累的经验总结，是经过实践反复证明的符合客观实际规律的最基本的力学规律，静力学公理也是人们关于力学的基本性质的概括和总结，是力系简化与平衡的基本依据。

1. 公理 1：二力平衡公理

作用在同一刚体上的两个力，使刚体处于平衡的必要和充分条件是：这两个力的大小相等、方向相反，且作用在同一条直线上（简称为二力等值、反向、共线）。如图 1-5 所示，即 $F_A = -F_B$。

这个公理归纳了作用于刚体上最简单的力系平衡时所必须满足的条件。对于刚体这个条件是既必要又充分的；但对于变形体，这个条件是必要但不充分的。例如软绳受两个等值反向的拉力作用可以平衡，如图 1-6 所示；而受两个等值反向的压力作用就不能平衡，如图 1-7 所示。

只受两个力作用而平衡的构件称为二力构件或二力杆件。二力构件所受二力的作用线一定是沿着此二力作用点的连线，大小相等、方向相反，如图 1-8 所示，$F_A = -F_B$。

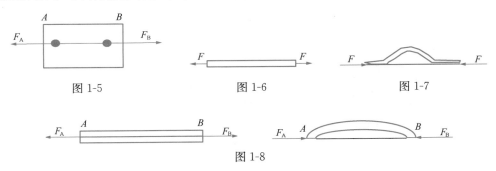

图 1-5　　　　　　　　图 1-6　　　　　　　　图 1-7

图 1-8

2. 公理 2：加减平衡力系公理

在作用于刚体的已知力系中，加上或减去任意的平衡力系，并不改变原力系对刚体的作用效应，即平衡力系不会改变物体运动状态，无论在原力系中增加或减少一个平衡力系，它对物体的运动效果都为零。根据这个公理证明力系可以进行等效变换，这对于研究力系的简化问题很重要。根据上述公理可以导出下述推论，即力的可传性原理：

作用于刚体上某点的力，可以沿着它的作用线移动到刚体内任意一点，而不会改变该力对刚体的作用效应，如图 1-9 所示。

由此可见，对于刚体来说，力的作用点不是决定力的作用效果的要素，它已被作用线所替代。因此，作用于刚体上力的三要素是力的大小、方向、作用线。作用于刚体上的力是沿着作用线进行移动的，称为滑动矢量。

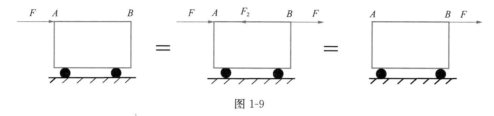

图 1-9

3. 公理 3：力的平行四边形公理

作用在物体上同一点的两个力，可以合成为一个合力，合力也作用在该点，合力的大小和方向由这两个力邻边所构成的平行四边形的对角线确定，如图 1-10 所示。

F_1 和 F_2 作用于刚体上的两个力，用这两个力为邻边做出平行四边形。这个平行四边形公理说明力的合成是遵守循矢量加法的，即表达式为：

$$F_R = F_1 + F_2$$

F_R 等于 F_1 和 F_2 两个分力的合力，F_1、F_2 为该合力的分力。

在实际工程中，常将一个力 F 沿直角坐标轴方向正交分解成两个已知且互相垂直的分力 F_x 和 F_y，如图 1-11 所示。F_x 和 F_y 的大小可由三角公式求得：

$$F_x = F\cos\alpha$$

$$F_y = F\sin\alpha$$

式中，α——力与 x 轴的夹角，为锐角。

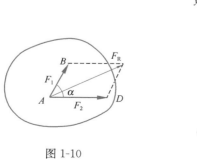

图 1-10

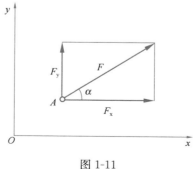

图 1-11

由此得出，力的平行四边形公理是简化复杂力系的基础，同时也总结了最简单的力系简化定律。

4. 公理 4：作用力与反作用力公理

两个物体间相互作用的一对力，总是同时存在且大小相等、方向相反、作用线相同，并沿同一直线分别作用于这两物体上。

这个公理归纳了两个物体间相互作用的关系。有作用力，就必定会有反作用力。两者总是同时存在，又同时消失。由此可知，力总是同时出现在两个相互作用的物体上。

如图 1-12 所示，将一块重力为 G 的物块放在光滑的水平面上，物块在重力 G 作用下，水平面受到物块向下的压力 F，同时水平面给物块一个向上的支撑力 F'，力 F' 和 F 就是作用力与反作用力的关系。反之，物块的重力 G 与水平面给物块的向上支承力 G'，它们不是一对作用力与反作用力，而是一对平衡力。

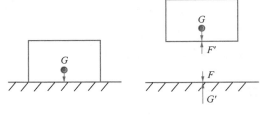

图 1-12

由此可见，对于二力平衡公理和作用力与反作用力两者来说，二力平衡公理中的两个力作用在同一物体上，且能使物体平衡；作用力与反作用力公理中的两个力分别作用在两个不同的物体上，虽然都是大小相等、方向相反、作用在同一条直线上，但不能理解为平衡力。

任务强化

一、填空题

1. 力的三要素_____、_____、_____。

2. 静力学的基本原理有_____、_____、_____、_____。

3. 能使物体的运动状态发生改变的效应，称为_____；能够使物体的形状及尺寸发生改变的效应，则称为_____。

4. 力是一个有大小、有方向的量，所以力是_____。

5. 在作用于刚体的已知力系中，加上或减去任意的_____，并不改变原力系对刚体的作用效应。

二、简答题

1. 力作用在物体上会产生什么效果？请举例说明。

2. 二力平衡公理和作用力与反作用力公理都是大小相等、方向相反、作用在同一条直线上，但二者有何不同？请举例说明。

3. 什么是二力杆件？

4. 合力一定比分力大的说法正确吗？请举例说明。

5. 在力的平行四边形公理中，合力的大小和方向由什么来确定？

任务 1.2 　静力学基础运算

任务介绍

1. 介绍力对点的矩内容。
2. 介绍力偶、力偶矩内容。
3. 介绍力的等效平移内容。

任务目标

1. 了解力对点、力偶、力偶矩、力的等效平移的概念。
2. 通过学习本任务的内容，能掌握静力学基础运算。

任务引入

如图 1-13 所示，已知 $F_1 = 10\text{N}$，$F_2 = 30\text{N}$，计算 F_1、F_2 对 O 点的力矩。

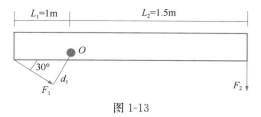

图 1-13

任务分析

由题意和图 1-13 可知，F_1、F_2 对 O 点之矩的力臂分别是 d_1 和 L_2，所以：

$M_O(F_1) = F_1 \times d_1 = F_1 \times L_1 \sin 30° = 10 \times 1 \times 0.5 = 5(\text{N} \cdot \text{m})$

$M_O(F_2) = -F_2 \times L_2 = -30 \times 1.5 = -45(\text{N} \cdot \text{m})$

相关知识

1.2.1　力矩

作用在物体上的力可以使物体移动，同时也能使物体转动，力所产生的移动效果与力的大小和方向有关。

1.2.2　力对点的矩

例如，在扳手上加一力 F，使扳手围绕螺母的轴线中心点 O 旋转。实践证明，力 F 使扳手绕轴线中心点 O 产生转动效果，与这三个因素有关：1. 力 F 的大小；2. 转动中心点 O 到力 F 作用线的垂直距离 d；3. 力 F 使扳手转动的方向。所以只有在 d 不变时，力 F 越大，转动就越快；若力 F 不变时，d 越大，则转动也越快。如图 1-14 所示。

而力 F 使物体围绕中心点 O 转动效果与力的大小、力臂 d 的大小均成正比。由此得出，力对点的矩是力使物体围绕中心点转动效果的度量，其绝对值等于力 F 的大小与力臂 d 的乘积，称为力 F 对点 O 的矩，简称为力矩，用符号 $M_O(F)$ 或者 M_O 表示；转动中心点 O 称为矩心；中心点 O 到力 F 作用线的垂直距离 d 称为力臂。如图 1-15 所示。

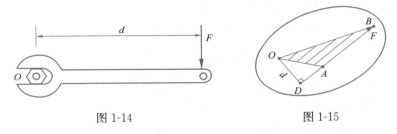

图 1-14　　　　　　　　　　图 1-15

其正负可作如下规定：力 F 使物体绕矩心逆时针转动时取正号，反之取负号。所以，力 F 对点的矩是代数量，即计算公式为：

$$M_O(F) = \pm F \cdot d \tag{1-1}$$

式中：$M_O(F)$ ——力矩大小；

　　　　d ——从矩心到力 F 的作用线的垂直距离（力臂）。

力矩的国际单位为"牛顿·米"（N·m）或"千牛顿·米"（kN·m）。

力 F 对点的矩也可以以矩心为顶点，以力矢量为底边所构成的三角形的面积的 2 倍来表示，即计算公式为：

$$M_O(F) = \pm 2S_{\triangle OAB} \tag{1-2}$$

式中，$S_{\triangle OAB}$ 为三角形 OAB 面积；符号"±"表示力矩的转向，绕矩形逆时针方向转动为正，顺时针方向转动为负。

注意：力矩在下述两种情况下等于零：当力 $F=0$；力臂 $d=0$，则力 F 的作用线通过矩心。

【例 1-1】如图 1-16 所示，计算 G 处三个力 F_1、F_2、F_3 对 A 点的力矩。

【解】根据力矩的计算公式知：

$M_O(F) = -F_1 \cdot d_1 = -20 \times 5 = -100$（N·m）

$M_O(F) = -F_2 \cdot d_2 = -10 \times 5 = -50$（N·m）

$M_O(F) = -F_3 \cdot d_3 = -F_3 \times 5\sin30° = -30 \times 2.5 = -75$（N·m）

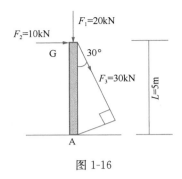

图 1-16

1.2.3　合力矩定理

平面力系的合力对力系作用面内任意一点之矩，等于该力系中各分力对同一点之矩的代数和，即为平面汇交力系的合力矩定理。其计算公式为：

$$M_O(F_R) = M_O(F_1) + M_O(F_2) + \cdots + M_O(F_n) = \sum M_O(F_i) \tag{1-3}$$

合力矩定理从转动效应角度分析，证明了合力与各分力之间的等效关系。

利用合力矩定理简化力矩的计算，若遇到力臂不易计算的情况，可在适当的位置将力分解为两个互相垂直的分力，使得两个分力的力矩易于计算，就可利用合力矩定理来计算力矩。

【例 1-2】已知力 F 的作用点 A 的坐标为（15m，35m），$F=40\text{N}$，如图 1-17 所示，计算力 F 对坐标原点 O 的力矩。

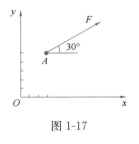

图 1-17

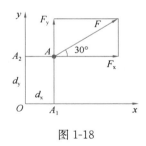

图 1-18

【解】因为力 F 对 O 点之矩的力臂不易计算，故本题可利用合力矩定理简化力矩的计算，将力 F 在 A 点沿坐标轴方向分解为两个分力 F_x、F_y 如图 1-18 所示，则：

$$
\begin{aligned}
M_O(F) &= M_O(F_x) + M_O(F_y) \\
&= -F_x \cdot d_x + F_y d_y \\
&= -F\cos 30° \cdot d_x + F\sin 30° \cdot d_y \\
&= -40 \times 0.866 \times 15 + 40 \times 0.5 \times 35 \\
&= -519.6 + 700 \\
&= 180.4(\text{N} \cdot \text{m})
\end{aligned}
$$

1.2.4　力偶

　　力偶：平面内一对大小相等、方向相反且不共线的两个平行力（用符号 F、F' 表示），如图 1-19 所示。

　　力偶的作用面：组成力偶的两个力 F、F' 作用线所在的平面称为力偶的作用面。

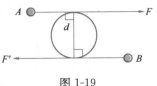

图 1-19

　　力偶臂：力偶的两力作用线之间的垂直距离，用符号 d 表示。

　　在日常生活中常见的汽车司机转动方向盘，用双手加力于方向盘上的一对力就是一个力偶（图 1-20）；电动机的定子磁场对转子两极磁场作用的电磁力、钥匙开锁等也可构成力偶。

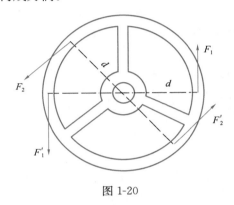

图 1-20

1.2.5　力偶矩

　　力偶矩：等于力偶中一个力的大小和力偶臂的乘积。力偶矩用来度量力偶在其作用面内对物体转动效应的大小。用符号 $M(F，F')$ 表示，即：

$$M(F,F') = \pm F \cdot d \tag{1-4}$$

　　力偶矩与力矩一样，以数量式中正负号表示力偶的转动方向。力偶使物体逆时针转动时取正，反之取负。力偶矩与力矩的单位一致。作用在某平面的力偶使物体转动的效果完全是由力偶矩来衡量的。

1.2.6　力偶的性质

　　力偶的两个力是不共线的，所以它不是平衡力系，力学中以力偶的一个基本物理量作为研究对象，还认为力偶和力一样是组成力系的两个基本元素。力偶是由力组成的，除了具有力的性质之外，还有以下几种性质：

　　1. 力偶没有合力，不能用一个力来等效替代，也不能与一个力来平衡。

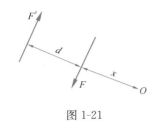

图 1-21

2. 力偶是等值、反向的两个力，它在任意一个轴上的投影都必然为零。所以力偶在任意坐标轴上的投影等于零。

3. 在力偶作用面任意取一点 O，以 $M_O(F、F')$ 表示力偶对点 O 之矩，如图 1-21 所示。

利用力偶使物体围绕点 O 的转动效果，作为力偶中两个力所产生的转动效果的总和，即该值为：

$$M_O(F) + M_O(F') = F_x - F'(d + x) = -Fd = M \quad (1-5)$$

通过实践证明，在作用面内任意一点的力偶使物体转动的效果完全是由力偶矩来衡量的，与矩心的位置无关。

4. 同一平面的两个力偶，若它们的力偶矩大小相等、方向相同，那么这两个力偶等效或者称力偶的等效性。

根据力偶的等效定理得出以下两个推论：

推论一：力偶可以在其作用面内任意转动，都不会改变它对刚体的作用效果，则表明力偶对刚体的作用效果与力偶在作用面内的位置无关。

推论二：在保持力偶矩大小、方向不变的情况下，可任意且同时改变力偶中力的大小以及力偶臂的长短，而不会改变它对刚体的作用效果。

通过以上实践证明，会影响力偶的作用效果的三个因素是：

（1）构成力偶的力的大小。

（2）力偶臂的大小。

（3）力偶的转向。

按照以上推论，凡给定力偶矩的大小及正负符号，则可确定力偶的作用效果，至于力偶中力的大小、力臂的长短如何，则可忽略。根据以上推论可知：在保持力偶矩不变的条件下，可把一个力偶等效地变换成另一个力偶。例如在图 1-22 的过程变换就是等效变换。

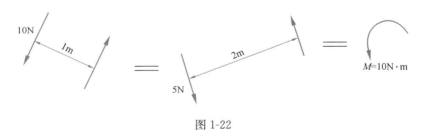

图 1-22

所以，用带圆弧箭头的弧线表示力偶，弧线表示力偶的作用面，M 表示力偶矩的大小，箭头表示力偶的转向。

1.2.7 力的等效平移

力的平移定理：作用在刚体上某一点的力可以等效地平行移动到刚体上的任意一点，同时必须附加一个力偶，而该附加力偶的矩等于原力对新作用点的矩。这样，平行移动前的一个力与平行移动后的一个力和力偶对刚体产生的作用效果是等效的。

例如，将一个力 F 作用在刚体上 A 点，在刚体上随意取一点 B，如图 1-23 所示，然后将力 F 等效地移动到点 B 上，在点 B 上再添加大小相等、方向相反的平行力 F' 和 F''，且让 $F=F'=F''$，如图 1-24 所示。根据加减平衡力系公理可知，力系 F' 和 F'' 对原力 F 的作用效果是一致的，故这三个力系等效。这时，把力 F 和 F'' 看成一个力偶，这三个力组成的力系可看成是作用在 B 点上的一个力 F' 和一个力偶（F，F''），如图 1-25 所示。所以此时的力偶为附加力偶。

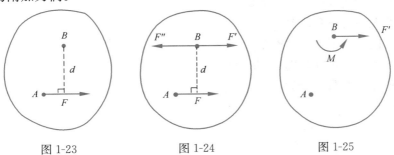

图 1-23　　　　　　　图 1-24　　　　　　　图 1-25

这表明，d 是附加力偶的力偶臂，等于点 B 到力 F 作用线的垂直距离，故附加力偶矩等于力 F 对 B 点之矩，即为：

$$M(F, F') = \pm F \cdot d \tag{1-6}$$

通过实践证明：作用在刚体上某一点的力可以等效地平行移动到刚体上的任意一点，但不是简单的平行移动，平行移动的同时必须附加一个力偶，而该附加力偶的矩等于原力对新作用点的矩，从而实现了力的等效平移。

【例 1-3】如图 1-26 所示，立柱的突出牛腿处有吊车梁施加的压力 $F=40\text{kN}$。力 F 与柱轴线的距离为 $e=20\text{cm}$。试将力 F 等效地平行移动到立柱的 F' 轴线上所附加的力偶矩，如图 1-27 所示。

【解】根据力的平移定理，把力 F 平行移动到 F' 轴线上，平行移动的同时必须附加一个力偶，如图 1-27 所示，即：

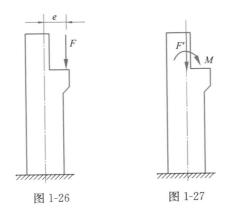

图 1-26　　　　　图 1-27

力偶矩
$$\begin{aligned}
M(F, F') &= -F \cdot e \\
&= -40 \times 0.2 \\
&= -8 \ (\text{kN} \cdot \text{m})
\end{aligned}$$

式中，负号表示附加一个力偶的转向为顺时针。

任务强化

一、填空题

1. 力的作用线通过矩心时，力矩等于_____。

2. 力偶的大小与矩心位置_____。

3. 影响力偶的作用效果因素有_____、_____、_____。

4. d 表示从矩心到力 F 的作用线的_____。

5. 力偶矩等于力偶中一个力的_____和_____的乘积。

二、简答题

1. 什么是力的平移定理？

2. 什么是力矩？

3. 力偶的性质有哪些？

4. 什么是力偶？

5. 力 F 使物体绕矩心转动时，该如何取正负？

三、计算题

分别计算图 1 中各力 F 对 B 点的力矩。

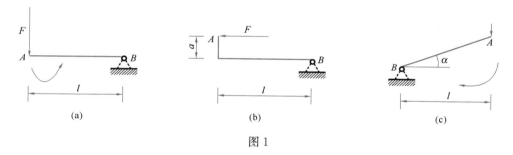

图 1

任务 **1.3** 结构的计算简图

任务介绍

1. 介绍结构的计算简图的原则。
2. 介绍结构的计算简图的内容和方法。

任务目标

1. 熟悉结构的计算简图的原则。
2. 掌握结构的计算简图的内容和方法。

任务引入

根据图 1-28 所示的厂房结构示意图，说明其计算简图的简化方法。

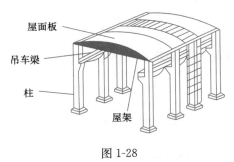

图 1-28

任务分析

　　结构计算简图，实际上就是在已建立好的结构的力学，对其模型进行分析，要完成这一项工作不仅需要扎实的力学基础知识，还需要具备一定的工程结构知识；不仅要掌握选取的原则，还要有较多的实践经验。

　　本厂房是一个空间结构体系。厂房顶部用预制屋面板铺设在屋架上，屋架和柱都是预制品，它们组成的各个排架的轴线都位于各自的同一平面内，且屋面板和行车梁传来的荷载也主要作用于各横向排架上。因此，可以把空间结构分解为几个平面结构进行分析。

　　根据屋架和柱顶端结点的连接以及柱下端基础的构造情况，可知屋架不能左右移动，但有温度变化时，仍可自由伸缩，此时把其中一端简化为铰支座，再对各结点进行简化。

如图 1-29(b) 所示，当计算桁架各杆件内力时，均用轴线表示桁架各杆件，同时将屋面板传递下来的荷载及构件自重均简化为作用于结点上的集中荷载，如图 1-29(c) 所示。

在分析排架立柱的内力时，可以把桁架简化为实体杆，同时把立柱及实体杆均用轴线表示，计算简图如图 1-29(d) 所示。

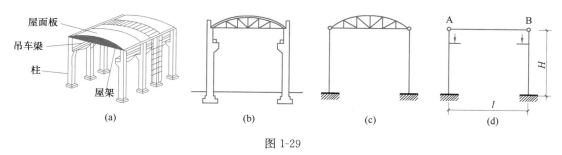

图 1-29

1.3.1 结构计算简图的简化原则

实际结构是很复杂的，不可能完全按照结构的真实情况进行力学计算。因此，在进行力学分析和计算时，必须选一个简化模型来替换真实的结构，简化过程中需要省略一些次要因素，同时又要对真实结构的主要特点有所保留，这种简化模型的方法称为结构计算简图。

对真实结构计算进行简化，必须要遵守以下两个原则：

1. 从实际出发

从实际出发，结构计算简图能准确地反映结构的实际受力情况，使计算结果更精确可靠。

2. 简化计算

分清主次，省略次要因素，利于分析和计算。

1.3.2 结构计算简图的简化内容和方法

对真实结构计算进行简化，通常从以下三个方面进行简化。

1. 支座的简化

支座是指结构与基础或其他支承构件连接起来，用于固定结构位置的装置。通常可把支座简化成：固定铰支座、可动铰支座和固定端支座三种。

（1）固定铰支座：用光滑圆柱铰链将物体固定在支承物上，称为固定铰支座，如图 1-30 所示。

（2）可动铰支座：在固定铰支座的底部安装几个辊轴（圆柱形滚轮），支承于支承面上，这种约束称为可动铰支座，又称为活动铰支座，如图 1-31 所示。

（3）固定端支座：如果物体与支座固定在一起，使物体既不能沿任何方向移动，也不能转动，这类约束称为固定端支座或固定支座，如图 1-32 所示。

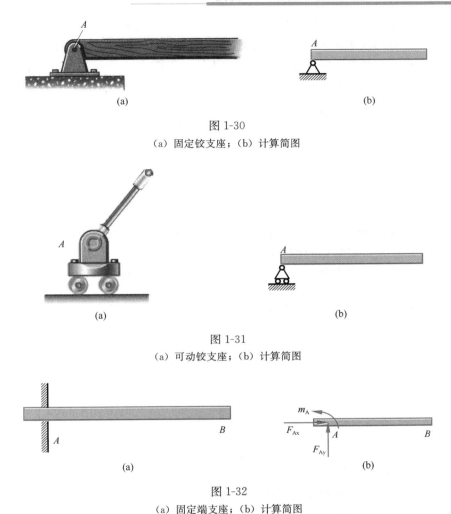

图 1-30
（a）固定铰支座；（b）计算简图

图 1-31
（a）可动铰支座；（b）计算简图

图 1-32
（a）固定端支座；（b）计算简图

2. 荷载的简化

荷载等于力，这种作用力使物体的运动状态或形状发生变化，实际结构所承受的荷载，一般都是作用于构件内的体荷载（如自重）和作用在某一面积上的面荷载（如人群、设备重量、风压力等）。在结构的计算简图里，可简化成作用在杆件纵向轴线上的分布线荷载、集中荷载以及集中力偶。

3. 结构体系的简化

结构体系的简化通常分为：平面简化、结点简化和杆件简化三种。

（1）平面简化：通常来说，工程里的实际结构都是空间结构，假如空间结构主要承担杆系结构平面内各个方向出现的荷载时，可以把空间结构分解为几个平面结构进行计算。

（2）结点简化：结构中两个杆件相连接的交点为结点。结构计算简图中的结点可划分为铰结点、刚结点、组合结点等三种。

1）铰结点：铰结点上的两个杆件用铰链相连接之处。杆件受到荷载作用产生变形时，结点上两个杆件端部的夹角均发生改变。它的特点是铰接的两个杆件都可围绕中心结点自由转动，且杆件间夹角的大小可以改变，用杆件交点处的小圆圈来表示，如图 1-33 所示。

2）刚结点：刚结点上的两个杆件刚性连接相连接之处。它的特点是连接的两个杆件端之间不能有相对的移动和转动，杆件受荷载作用产生变形前后，结点处的各杆件之间的夹角均保持不变。刚结点用杆件轴线的交点来表示，如图 1-34 所示。

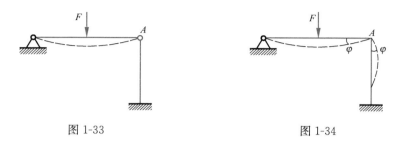

图 1-33   图 1-34

3）组合结点：假如结点上有一些杆件用铰链连接，而另一些杆件出现刚性连接，那么这种既有铰结点又有刚结点的称为组合结点。图 1-35 中的结点 A 为组合结点，其中图 1-35（a）上铰链结点 A 称为全铰；图 1-35（b）上铰链结点 A 称为半铰。

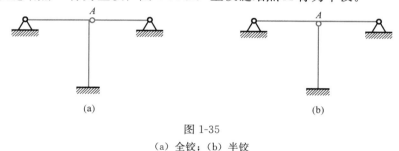

（a）   （b）

图 1-35

（a）全铰；（b）半铰

（3）杆件简化：杆件的横向截面积尺寸大小远小于纵向杆件的长度。所以在结构的计算简图中，用形心表示构件的截面，而纵向轴线表示结构的杆件，直线表示直杆，曲线表示曲杆。例如，梁构件的纵轴线为直线，用相应的直线表示；而拱构件的纵轴线为曲线，则用相应的曲线表示。

拓展知识

平面杆系结构的分类

工程中常见的平面杆件结构的计算简图分为下列几种。

1. 梁

梁是指由受弯杆件构成，杆件轴线用直线表示。在图 1-36（a）和图 1-36（c）中所示的为单跨梁，如图 1-36（b）和图 1-36（d）中所示的为多跨梁。

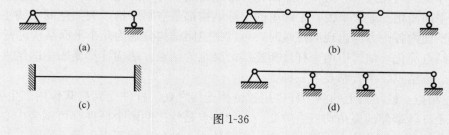

（a）   （b）

（c）   （d）

图 1-36

2. 拱

拱是指由曲杆构成，轴线用曲线表示。在纵向荷载作用下会产生水平反力，如图 1-37 所示。

三铰拱　　　　　　　　　　　无铰拱

图 1-37

3. 刚架

刚架是指由梁和柱组合而成的结构。刚架结构具有刚结点特性。如图 1-38（a）和图 1-38（b）中所示的结构为单层刚架，如图 1-38（c）中所示的为多层刚架。如图 1-38（d）中所示的称为排架、铰接刚架或铰接排架。

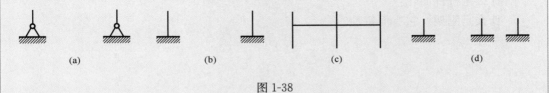

（a）　　　　　　　（b）　　　　　　　（c）　　　　　　　（d）

图 1-38

4. 桁架

桁架是指由若干直杆件用铰链相连接组合而成的结构。轴线用直线表示，如图 1-39 所示。

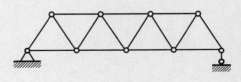

图 1-39

5. 组合结构

组合结构是指由桁架和梁，或由刚架组合而形成的结构，其中含有组合结点，如图 1-40所示。

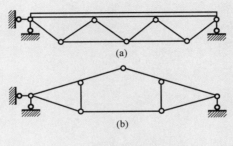

（a）

（b）

图 1-40

任务强化

一、填空题

1. 结构计算简图的简化内容包括_____、_____、_____。

2. 结构体系的简化通常分为：_____、_____和_____三种。

3. 支座简化成：_____、_____和_____三种。

4. 杆件简化：在结构的计算简图中，用_____表示构件的截面，对于表示结构的杆件，_____表示直杆，_____表示曲杆。

二、简答题

1. 结构计算简图的简化原则有什么？

2. 什么是刚结点？它有何特征？

3. 什么是组合结点？

4. 什么是杆件简化？

5. 什么是刚架？它有何特性？

任务 1.4 受力分析与受力图

任务介绍

1. 介绍物体受力分析与受力图的方法和步骤。
2. 介绍物体受力分析与受力图的绘制。

任务目标

1. 掌握物体受力分析与受力图的概念。
2. 可以进行物体受力分析与受力图的绘制。

受力分析
与受力图

任务引入

如图 1-41 所示，重力为 W 的小球用绳索吊在光滑的面板上，试画出小球的受力图。

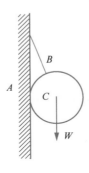

图 1-41

任务分析

单独画出一个小球为研究对象。小球受到重力的作用，物体绳索和光滑的板面与小球有直接联系，且这些与小球有直接联系的物体对小球都具有约束反力。绳索对小球的约束反力 F_B 作用于 B 点，沿绳索的中心线脱离球心，绳索对小球是拉力。光滑的板面对小球的约束反力 F_A 作用于它们的接触点 A，沿着接触面的公法线并指向球心。小球的受力图如图 1-42 所示。

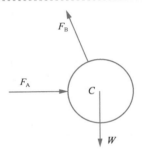

图 1-42

031

相关知识

1.4.1　受力分析

1. 物体系统（物系）

在实际工程中，通常把若干构件通过某种连接方式组成机构或结构，用来传递运动或承受荷载。

2. 受力分析

在实际工程中需解决力学问题时，一般要先选定需要进行研究的物体作为研究对象；其次了解物体的已知和未知条件、受到哪些力的作用类型，再利用基本概念和公理来分析它的受力情况。

3. 分离体

把要研究的物体跟周围相关联的物体单独分离出来绘制成简图，被分离的研究物体就是分离体。

4. 受力图

在分离体上画出周围物体对它的所有作用力（包括荷载和约束反力），这种表示物体受到所有作用力的图形称为分离体的受力图。

1.4.2　物体受力图的绘制

1. 受力图绘图步骤

（1）把要研究的物体跟周围相关联的物体单独分离出来绘制成简图，取分离体。

（2）画出分离体受到的所有荷载。

（3）在分离体上原来存在约束（跟周围相关联的物体）之处，根据约束类型逐一画出所有约束反力。

2. 受力图绘图注意事项

（1）某一构件在结构上进行受力分析时，不能在整体结构图上画该构件的受力图，必须单独分离画出该构件的分离体简图。

（2）绘制受力图时必须按约束的条件画约束力，不能主观臆断画约束力。且不同受力图上出现同一约束力时，其指向必须一致。

（3）分析两物体间的作用力与反作用力时，必须遵守作用力与反作用力公理。若假定了其中一个力的指向，另一个力其指向必须反向。

（4）受力图上只画分离体各构件之间的外力，不能画内力。

（5）受力图上如有二力杆件，先把二力杆的作用线与力作用点进行等值、反向连线。

【例1-4】图1-43(a)所示起吊架由杆件 AB 和 CD 组成，起吊重物的重量为 W。不计杆件自重，作杆件 AB 的受力图。

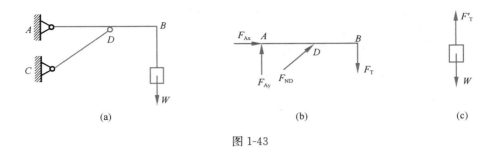

图 1-43

【解】取杆件 AB 为分离体，画出其分离体图。

杆件 AB 上没有荷载，只有约束力。A 端为固定铰支座，约束力用两个相互垂直分力 F_{Ax} 和 F_{Ay} 表示，二者的指向是假定的。D 点用铰链与 CD 杆连接，因为 CD 为二力杆，所以铰链 D 反力的作用线沿 C、D 两点连线，以 F_{ND} 表示，图中 F_{ND} 的指向也是假定的。B 点与绳索连接，绳索作用给 B 点的约束力 F_T 沿绳索、背离杆件 AB。图 1-43（b）即为杆件 AB 的受力图。

应该注意，图 1-43（b）中的力 F_T 不是起吊重物的重力 W，F_T 是绳索对杆件 AB 的作用力，W 是地球对重物的作用力。这两个力的施力物体和受力物体是完全不同的。在绳索和重物的受力图［图 1-43（c）］上，作用有力 F_T 的反作用力 F_T' 和重力 W。由二力平衡条件可知，力 F_T' 与重力 W 是反向、等值的；由作用和反作用定律可知，力 F_T 与力 F_T' 是反向、等值的。所以力 F_T 与重力 W 大小相等、方向相同。

【例 1-5】梁 AC 和 CD 由圆柱铰链 C 连接，并由三个支座支承，如图 1-44（a）所示，请画出梁 AC、CD 及整梁 AD 的受力图。梁的自重忽略不计。

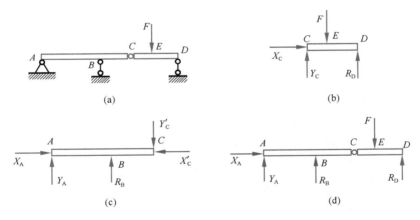

图 1-44

【解】（1）取梁 CD 为研究对象。梁 CD 受荷载 F 作用；D 处是可动铰支座，它的反力是垂直于支承面的 R_D，指向假设向上；C 处为铰链约束，它的约束反力可用两个互相垂直的分力 X_C 和 Y_C 表示，指向假设。梁 CD 的受力图如图 1-44（b）所示。

（2）取梁 AC 为研究对象。A 处是固定铰支座，它的约束反力可用 X_A 和 Y_A 表示，指向假设；B 处是可动铰支座，它的反力用 R_B 表示，指向假设；C 处是铰链约束，它的约束反力是 X_C' 和 Y_C'。梁 AC 的受力图如图 1-44（c）所示。

（3）取整梁 AD 为研究对象。它的受力图如图 1-44（d）所示。

【例 1-6】一个刚性拱结构 A、C 两处为铰支座，B 处用光滑铰链铰接，不计自重，如图 1-45（a）所示，已知左半拱上作用有荷载 F。试分析 AB 构件及拱结构整体平衡的受力情况。

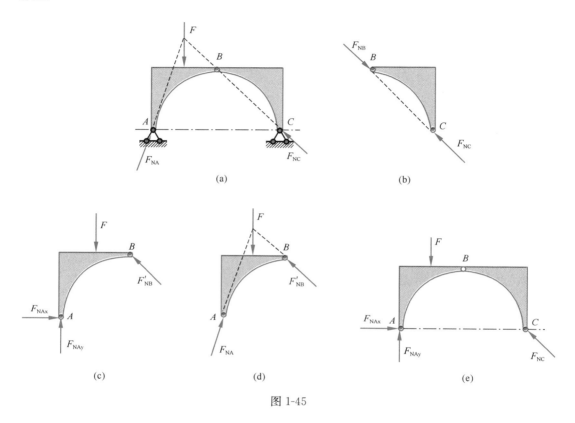

图 1-45

【解】

1. 取 AB 构件为研究对象，画出分离体，并画上荷载 F。A 处是铰支座，B 处为光滑圆柱铰链，一般可以用通过圆柱销中心的两个正交分力来分别表示两点的约束力。考虑到 BC 构件满足二力平衡公理，属于二力构件。B、C 两点的约束力必沿 B、C 两点的连线，且等值反向，如图 1-45（b）所示，箭头指向可以假设。根据作用与反作用公理，即可确定 AB 构件上 B 点的约束力 F'_{NB} 的方向；A 处的约束力可以用两个正交分力 F_{NAx}、F_{NAy}，来表示，如图 1-45（c）所示。

因 AB 构件受三力作用而平衡，也可根据三力平衡汇交定理，确定 A 处铰支座约束力的作用线方位，箭头指向假设，画成如图 1-45（d）所示的受力图。

2. 分析整体受力情况。先将整体从约束中分离出来并单独画出，画上荷载 F。C 点的约束力，可由 BC 为二力构件直接判定沿 B、C 两点连线，并用 F_{NC} 表示；A 点约束力可用两个正交分力表示成图 1-45（e）所示的情况，也可根据整体属于三力平衡结构，根据三力平衡汇交定理确定 A 处铰支座约束力的方向，如图 1-45（a）所示的情况。

【例 1-7】连杆增力机构如图 1-46（a）所示，在滑块 A 上作用力 F 使工件被夹紧，夹紧力为 F_Q，AB 杆与水平的夹角 $\alpha = 10°$，不计 AB 杆及滑块的自重，试绘制滑块 A 和 B 的受力图。

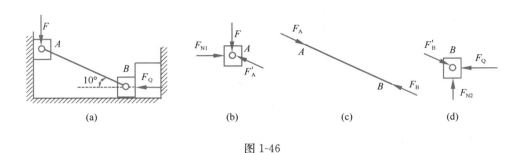

(a)　　　　　　　(b)　　　　　　　(c)　　　　　　　(d)

图 1-46

【解】

1. 首先分析 AB 杆件的受力情况。由于 AB 自重不计，且只在 A、B 两点受到铰链约束，因此 AB 杆为二力构件。在铰链中心 A、B 处分别受 F_A、F_B 两力的作用，两力大小相等，方向相反，如图 1-46（c）所示。

2. 物块 A 的受力分析。A 的上表面受到已知力 F 作用，在铰链中心受到杆件给它的反作用力 F'_A，A 的左表面受到墙给它的支持力 F_{N1}，此三力作用线汇交于 A 点，如图 1-46（b）所示。

3. 物块 B 的受力分析。B 的右表面受到夹紧力 F_Q 作用，在铰链中心受到杆件给它的反作用力 F'_B，在 B 下表面受到底面给它的支持力 F_{N2}，此三力作用线汇交于 B 点，如图 1-46（d）所示。

任务强化

一、填空题

1. 在实际工程中，通常把若干构件通过某种连接方式组成机构或结构，用来传递运动或承受荷载，这种组成机构或结构方式称为_____，或简称_____。

2. 在分离体上画出周围物体对它的所有作用力（包括_____和_____），这种表示物体受到所有作用力的图形称为_____或_____。

3. 分离体，是指_____。

二、简答题

1. 受力图绘图步骤是什么？

2. 受力图绘图时需要哪些注意事项？

三、绘图题

1. 画出图 1 物体的受力图。

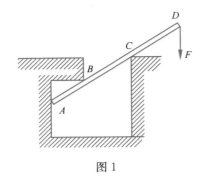

图 1

2. 画出图 2 中梁的受力图。

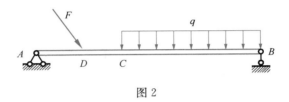

图 2

3. 绘出图 3 中每个构件及整体的受力图。

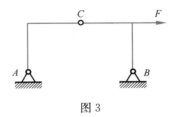

图 3

项目1考核

一、填空题

1. 对物体作用效果相同的力系，称为_____。

2. 如果一个力和一个力系等效，则该力为此力系的_____。

3. 两个物体间相互作用的力，总是大小_____、方向_____、沿同一直线，分别作用在两个物体上。

4. 在外力的作用下形状和大小都不发生变化的物体称为_____。

5. 合力对平面上任一点的矩等于各分力对同一点的矩的_____。

6. 一般规定，力 F 使物体绕矩心 O 点逆时针转动时为_____，反之为_____。

7. 作用在刚体上的力沿着_____移动时，不改变其作用效应。

8. 力偶对物体只产生_____而不产生移动效应。

二、选择题

1. 大小相等的四个力，作用在同一平面上且力的作用线交于一点 C，试比较四个力对平面上点 O 的力矩，（　　）对 O 点之矩最大。

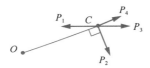

A. 力 P_1　　　　　　B. 力 P_2　　　　　　C. 力 P_3　　　　　　D. 力 P_4

2. 固定端约束通常有（　　）个约束反力。

A. 一　　　　　　　　B. 二　　　　　　　　C. 三　　　　　　　　D. 四

3. 图1的刚架中 CB 段正确的受力图应为（　　）。

A. 图 A　　　　　　　B. 图 B　　　　　　　C. 图 C　　　　　　　D. 图 D

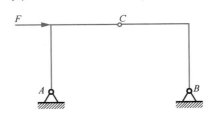

图1

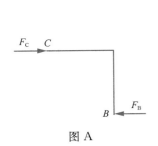
图 A

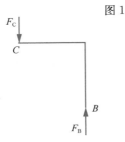
图 B

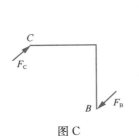
图 C

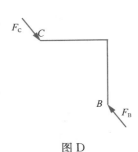
图 D

4. 刚体 A 在外力作用下保持平衡,以下说法中( )是错误的?

A. 刚体 A 在大小相等、方向相反且沿同一直线作用的两个外力作用下必平衡

B. 刚体 A 在作用力与反作用力作用下必平衡

C. 刚体 A 在汇交与一点且力三角形封闭的三个外力作用下必平衡

D. 刚体 A 在两个力偶矩大小相等且转向相反的力偶作用下必平衡

5. 会引起力矩改变的情况是( )。

A. 力作用点沿作用线移动   B. 矩心沿力作用线移动

C. 矩心平行力作用线移动   D. 矩心垂直力作用线移动

6. 力偶矩的大小取决于( )。

A. 力偶合力与力偶臂   B. 力偶中任一力和力偶臂

C. 力偶中任一力与矩心位置   D. 力偶在其平面内位置及方向

7. 关于力对点之矩的说法( )是错误的。

A. 力对点之矩与力的大小和方向有关,而与矩心位置无关

B. 力对点之矩不会因为力矢沿其作用线移动而改变

C. 力的数值为零,或力的作用线通过矩心时,力矩为零

D. 互相平衡的两个力,对同一点之矩的代数和等于零

8. 力偶对物体的作用效应,决定于( )。

A. 力偶矩的大小

B. 力偶的转向

C. 力偶的作用面

D. 力偶矩的大小、力偶的转向和力偶的作用面

9. 二力平衡是作用在( )个物体上的一对等值、反向、共线的力。

A. 一   B. 二   C. 三   D. 四

10. 合力与分力之间的关系,正确的说法为( )。

A. 合力一定比分力大   B. 两个分力夹角（锐角）越小合力越小

C. 合力不一定比分力大   D. 两个分力夹角（锐角）越大合力越大

三、判断题

1. 合力不一定比分力大。( )

2. 力沿作用线移动,力对点之矩不同。( )

3. 力的作用线通过矩心,力矩为零。( )

4. 力偶可以用一个合力来平衡。( )

5. 两物体间相互作用的力,总是大小相等、方向相反、沿同一直线,作用在同一物体上。( )

6. 作用于刚体的力可沿其作用线移动而不改变其对刚体的运动效应。( )

7. 力矩与力偶矩的单位相同,常用的单位为 "N·m 和 kN·m"。( )

8. 只要两个力大小相等、方向相反,该两力就组成一力偶。( )

9. 力的可传性原理只适用于刚体。( )

10. 力矩的大小和转向与矩心位置有关,力偶矩的大小和转向与矩心位置无关。( )

11. 可动铰支座的约束反力有两个。（　　　）

四、计算题

1. 如图 2 所示，各作用点括号内的数字为坐标值，试求各力对 O 点的矩。

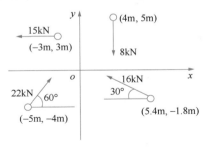

图 2

2. 如图 3 所示，T 形板上受三个力偶的作用。已知 $F_1 = 60N$，$F_2 = 50N$，$F_3 = 40N$。试按图中给定的尺寸求合力偶的力偶矩。

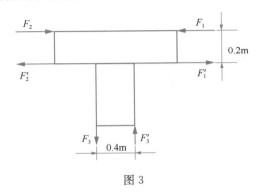

图 3

五、绘图题

1. 绘出图 4 中各构件的受力图。

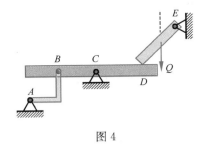

图 4

2. 绘出图 5 中梁的受力图。

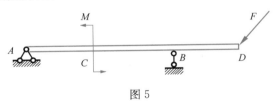

图 5

3. 绘出图 6 中每个构件及整体的受力图。

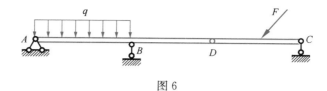

图 6

4. 绘出图 7 中每个构件及整体的受力图。

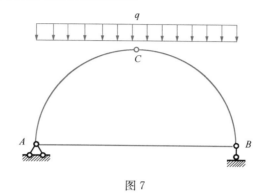

图 7

5. 绘出图 8 中每个构件及整体的受力图。

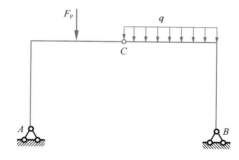

图 8

打开建筑力学的大门

知识目标

1. 了解力系的分类情况及其研究方法。
2. 了解平面力系的简化与合成。
3. 深刻理解力的平移定理。
4. 理解平面力系的平衡条件，牢记平面任意力系的平衡方程。

能力目标

1. 能够区分不同的力系。
2. 能够正确运用力的平移定理开展平面力系的简化工作。
3. 能熟练应用平面力系的平衡条件求解单个物体的平衡问题。
4. 能熟练应用平面力系的平衡条件解决单个物体系统的平衡问题。

项目概要

　　本项目将主要介绍平面力系的平衡条件、平面力系的合成与平衡计算问题等内容，在本项目的学习中我们学习的重点是平面汇交力系、平面一般力系的平衡计算，掌握平面力系平衡问题计算的关键是深刻理解平面力系的平衡条件。

任务 2.1 平面力偶系的合成与平衡

任务介绍

1. 介绍平面力系的分类。
2. 介绍力偶的概念及性质。
3. 介绍平面力偶系的概念。
4. 介绍平面力偶系的合成。
5. 介绍平面力偶系的平衡条件。

任务目标

1. 了解平面力偶系的合成概念。
2. 掌握平面力偶系的平衡的条件。
3. 具备利用平面力偶系平衡条件求解未知力的能力。

任务引入

如图 2-1 所示，在一刚体上作用有两个力偶 M_1 和 M_2，设它们分别为 $-16\text{kN} \cdot \text{m}$ 和 $20\text{kN} \cdot \text{m}$。那么它们的合成结果如何呢？

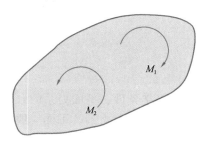

图 2-1

任务分析

由题意可知，这两个力偶组成了一个平面力偶系，M_1 的转向为顺时针，M_2 的转向为逆时针。大家分析一下这个刚体在力偶 M_1 和 M_2 的作用下会如何转动？该怎么确定它们的合力偶？

相关知识

知识链接

平面力系的分类

在工程实践中，经常会遇到主要的外力都作用在同一个平面内，这样的力系称为平面力系，如图 2-2 所示。平面力系又分为：

1. 平面汇交力系

力系各力的作用线汇交于一点。

2. 平面平行力系

力系各力的作用线平行。

3. 共线力系

力系各力的作用线在同一直线上。

4. 平面一般力系

力系各力的作用线既不汇交于一点又不互相平行。

5. 平面力偶系

力系中各力都可组成力偶。

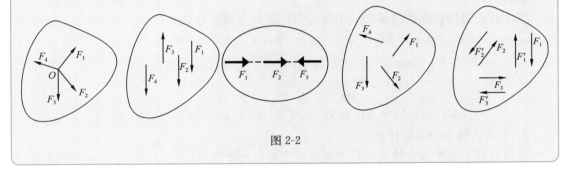

图 2-2

2.1.1 平面力偶系的合成运算

1. 平面力偶系的概念

作用在物体上同一平面内的若干个力偶，称为平面力偶系。如图 2-3 所示为用多钻轴立钻同时加工某构件四个孔时的情形。

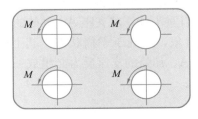

图 2-3

2. 平面力偶系的合成

平面力偶系可以合成为一个合力偶，合力偶的力偶矩等于力偶系中各分力偶的力偶矩的代数和。

$$M_R = M_1 + M_2 + \cdots + M_n = \sum_{i=1}^{n} M_i \tag{2-1}$$

【例 2-1】如图 2-4 所示，在物体同一平面内受到三个力偶的作用，设 $F_1 = F_1' = 40N$，$F_2 = F_2' = 80N$，$m = 30N \cdot m$，请计算该平面力偶系的合成结果。

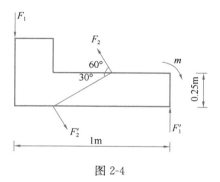

图 2-4

【解】

三个共面力偶合成的结果是一个合力偶，各分力偶矩分别为：

$$M_1 = F_1 \cdot d_1 = 40 \times 1 = 40N \cdot m;$$

$$M_2 = F_2 \cdot d_2 = 80 \times \frac{0.25}{\sin 30°} = 40N \cdot m;$$

$$M_3 = -m = -30N \cdot m;$$

$$M_R = \sum M = M_1 + M_2 + M_3 = 40 + 40 - 30 = 50N \cdot m.$$

3. 平面力偶系的平衡计算

平面力偶系的平衡条件是其合力偶矩等于零，即平面力偶系中所有力偶矩的代数和等于零。有如下平衡方程：

$$\sum M_i = 0 \tag{2-2}$$

对于平面力偶系的平衡问题，可以利用公式求解一个未知量。

2.1.2　平面力偶系的平衡计算

【例 2-2】简支梁 AB 上作用有一个力偶，其转向如图 2-5（a）所示，力偶矩 $M = 50kN \cdot m$，梁长 $l = 4m$，梁的自重不计，求支座 A、B 处的支座反力。

【解】选取梁 AB 为研究对象，梁处于平衡状态，其上所受的主动力只有一个力偶，因力偶只能与力偶平衡，所以 A、B 处的支座反力必组成一个力偶与之平衡，据此画出梁的受力图，如图 2-5（b）所示。

$$\sum M_i = 0;$$

$$F_B \cdot l - m = 0;$$

$$F_B = m/l = 50/4 = 12.5kN(\uparrow);$$

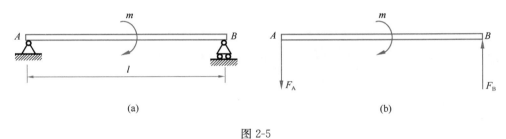

图 2-5

$F_A = 12.5\text{kN}(\downarrow)$。

任务强化

1. 力偶能用一个力来平衡吗？为什么？

2. 平面力偶系的平衡条件是什么？

3. 力偶在任一轴上投影为零，故写投影平衡方程时不必考虑力偶，这说法正确吗？请举例说明。

4. 如图 1 所示，简支梁 AB 上受 $M_e = 10\text{kN} \cdot \text{m}$ 的力偶作用，不计梁自重。请计算出支座 A、B 处的约束反力。

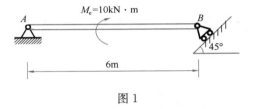

图 1

任务 2.2　平面汇交力系的合成与平衡

任务介绍

平面交汇力系合成的解析法

1. 介绍平面汇交力系合成。
2. 介绍平面汇交力系的平衡。

任务目标

1. 了解平面汇交力系合成的解析法计算。
2. 掌握平面汇交力系的平衡计算。

任务引入

如图 2-6（a）所示，两条狗 A 和 B 拉着雪橇 C 在雪地上运动，设狗 A 的拉力为 F_{TA} ＝20kN，狗 B 的拉力为 F_{TB} ＝15kN，则在两条狗的拉力作用下，雪橇 C 沿着哪个方向运动？

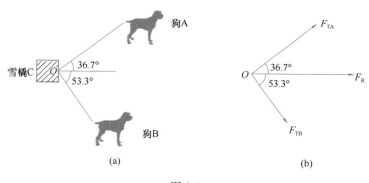

图 2-6

任务分析

首先对整个系统进行受力分析，并画出受力图，如图 2-6（b）所示。由题意可知，在两条狗的作用下，雪橇将沿着两力的合力方向前进。那么，如何求解合力 F_R 的大小和方向？显然，这两个力就组成了一个最简单的平面汇交力系，如果我们掌握了平面汇交力系的合成运算，这个问题就迎刃而解了。

相关知识

力系中各力的作用线都在同一平面内且汇交于一点，这样的力系称为平面汇交力系。在工程中经常遇到平面汇交力系。例如在施工中起重机的吊钩所受各力就构成一平面汇交力系，如图 2-7 所示。

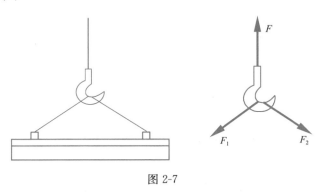

图 2-7

2.2.1 平面汇交力系合成的解析法

研究力系的方法通常有两种：几何法和解析法。

1. 几何法

以力的平行四边形公理、力多边形法则为理论依据，通过几何作图来研究力系计算的方法称为几何法。

2. 解析法

工程实际中常用的是解析法，解析法的运算基础是力在轴上的投影计算。根据力的平行四边形公理可知，平面汇交力系的合成结果是一个合力。对于一个已知的平面汇交力系，已知分力可以计算出分力的投影，已知分力投影就可以计算出合力的投影，已知合力的两个投影就可以确定合力的大小及方向。因此，可以给出平面汇交力系合力的计算公式为：

$$F_{R} = \sqrt{(\sum x)^2 + (\sum y)^2}$$
$$\tan\alpha = \left| \frac{\sum y}{\sum x} \right|$$

（2-3）

式中，α——合力 F_R 与 x 轴所夹的锐角。

下面通过例题来说明平面汇交力系合成的计算过程。

【例 2-3】如图 2-8（a）所示，固定圆环上作用着共面的三个力，已知 $F_1=2kN$，$F_2=4kN$，$F_3=5kN$，三力均通过圆心，试求此力系的合力。

【解】

1. 建立平面直角坐标系如图 2-8（b）所示。

2. 分别计算合力在 x 轴、y 轴上的投影：

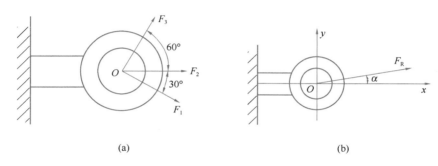

(a)   (b)

图 2-8

$$x_R = \sum_{i=1}^{n} x_i = F_1 \cos 30° + F_2 + F_3 \cos 60° = 8.23\text{kN};$$

$$y_R = \sum_{i=1}^{n} y_i = -F_1 \cos 30° + F_3 \sin 60° = 2.60\text{kN}。$$

3. 计算合力：

合力的大小：$F_R = \sqrt{x_R^2 + y_R^2} = \sqrt{8.23^2 + 2.60^2} = 8.63\text{kN};$

合力与 x 轴所夹的锐角：$\tan\alpha = \dfrac{y_R}{x_R} = \dfrac{2.60}{8.23} = 0.316; \alpha = 17.53°。$

2.2.2　平面汇交力系平衡的解析法

平面汇交力系的合成结果是一个合力，对于承受平面汇交力系作用的物体来说，当平面汇交力系的合力等于零时，则平面汇交力系中各力对物体的运动效应相互抵消，物体一定处于平衡状态；反之，若物体在平面汇交力系作用下处于平衡，则该力系的合力一定为零。由平面汇交力系的合成结果可知，平面汇交力系平衡的充分必要条件是合力等于零。又由平面汇交力系的合力大小计算公式可知，欲使 $F_R = 0$，必须有：

$$\Sigma F_x = 0$$
$$\Sigma F_y = 0 \qquad\qquad (2\text{-}4)$$

即平面汇交力系平衡的解析条件是力系中所有各力在两个坐标轴上投影的代数和分别为零。利用该式可以求解出平面汇交力系平衡问题中的两个未知量。

【例 2-4】杆 AC、BC 在 C 处铰接，另一端均与墙面铰接，如图 2-9 所示，F_1 和 F_2 作用在销钉 C 上，$F_1 = 445\text{N}$，$F_2 = 535\text{N}$，不计杆重，试求两杆所受的力。

【解】

1. 取节点 C 为研究对象，画受力图，注意 AC、BC 都为二力杆，建立坐标系如图 2-10 所示。

2. 根据平衡条件列出平衡方程，并求解出拟求未知量：

$$\Sigma F_y = 0; F_1 \times \frac{4}{5} + F_{AC} \sin 60° - F_2 = 0。$$

$$\Sigma F_x = 0; F_1 \times \frac{3}{5} - F_{BC} - F_{AC} \cos 60° = 0。$$

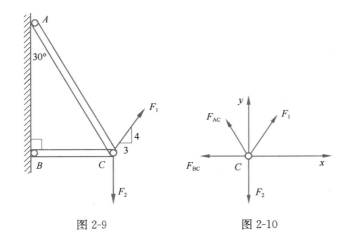

图 2-9 图 2-10

$F_{AC} = 207\text{N}$；$F_{BC} = 164\text{N}$。

AC 与 BC 两杆均受拉力。

任务强化

1. 平面汇交力系的平衡条件是什么？

2. 一个平面汇交力系最多可以列几个独立的平衡方程？

3. 水平力 F 作用在刚架的 B 点，如图 1 所示。如不计刚架重量，试求支座 A 和 D 处的约束力。

4. 各杆自重忽略不计，求图 2 所示三角支架中杆 AC、BC 所受的力。

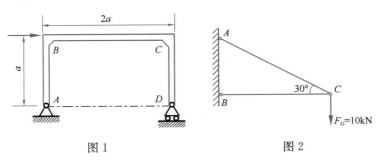

图 1 图 2

任务2.3 平面平行力系的合成与平衡

任务介绍

1. 介绍平面平行力系的简化与合成。
2. 介绍平面平行力系的平衡计算。

任务目标

1. 了解平面平行力系的简化与合成方法。
2. 掌握平面平行力系的平衡计算。

任务引入

简支梁如图 2-11（a）所示。梁上作用有两个集中力，其中 $F_1 = 60kN$，$F_2 = 30kN$，简支梁受到的支座处的支座反力都是哪个方向的？这些力之间存在什么样的关系？

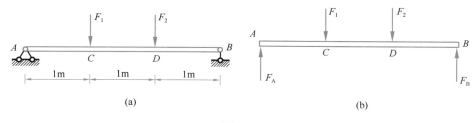

(a)

(b)

图 2-11

任务分析

对简支梁进行受力分析，分析简支梁受力，如图 2-11（b）所示。不难发现，简支梁受到四个力作用，而且这四个力组成了一个平面平行力系，只有当这四个力满足平面平行力系的平衡条件时，才能够使简支梁保持平衡。有关平面平行力系的平衡问题将在本任务中做详细介绍。

相关知识

力系中各力的作用线在同一平面内且相互平行，这样的力系称为平面平行力系。例如起重机、桥梁等结构上所受的力系，常常可以简化为平面平行力系。

2.3.1　平面平行力系的简化

设刚体受到力 F_1、F_2、$\cdots F_n$，这 n 个力组成的平面平行力系作用，如图 2-12（a）所示，在力系作用面内任意选取一点 A，此点称为简化中心，运用力的平移定理，把这 n 个力都平移到 A 点，这样就把一个平面平行力系变成了一个共线力系和一个平面力偶系，如图 2-12（b）所示。

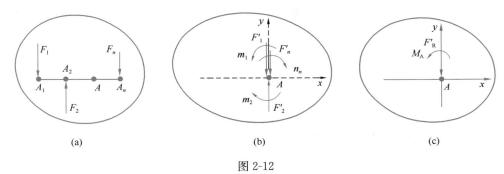

图 2-12

$$F'_1 = F_1, F'_2 = F_2, \cdots, F'_n = F_n;$$
$$m_1 = M_A(F_1), m_2 = M_A(F_2), \cdots, m_n = M_A(F_n)。$$

共线力系（$F'_1, F'_2, \cdots, F'_n$）可以合成为一个力，这个力的大小和方向称为原平面平行力系的主矢，用 F'_R 表示。主矢 F'_R 的大小等于各力的代数和，即：

$$F'_R = \sum_{i=1}^{n} F_i$$

平面力偶系可以合成为一个力偶，这个力偶的力偶矩称为原平面平行力系对简化中心 A 的主矩，用 M_A 表示。主矩 M_A 的大小等于各力对简化中心之矩的代数和，即：

$$M_A = \sum_{i=1}^{n} M_A(F_i)$$

由以上分析可知，主矢与简化中心的位置无关，而主矩与简化中心的位置有关。

2.3.2　平面平行力系的合成

平面平行力系向作用面内任一点简化得到一个主矢和一个主矩，如图 2-12（c）所示，这并不是平面平行力系简化的最终结果，下面对主矢和主矩作进一步研究。

1. 当 $F'_R \neq 0, M_A = 0$ 时，力系简化的最终结果是作用在简化中心 A 的一个合力 F_R，$F_R = F'_R$。

2. 当 $F'_R = 0, M_A \neq 0$ 时，力系简化的最终结果是一个合力偶，合力偶矩 $M = M_A$。

3. 当 $F'_R \neq 0, M_A \neq 0$ 时，根据力的平移定理的逆过程可知，力系简化的最终结果是一个合力 F_R，合力作用点并不在简化中心 A，简化中心到合力作用线的距离 $d = \left| \dfrac{M_A}{F_R} \right|$。

4. 当 $F'_R = 0, M_A = 0$ 时，力系平衡。

通过对简化结果的进一步分析可知，平面平行力系的合成结果有三种可能：

（1）合成为一个合力；

（2）合成为一个合力偶；

（3）力系平衡。

2.3.3 平面平行力系的平衡计算

力系中各力在 y 轴上投影的代数和等于零，力系中各力对任一点的力矩的代数和也等于零。

平面平行力系的平衡方程有两种形式，分别是一矩式和二矩式。

（1）一矩式

$$\sum Y = 0$$
$$\sum M_O(F) = 0 \qquad\qquad (2\text{-}5)$$

其中投影轴 y 轴与力作用线平行。

（2）二矩式

$$\sum M_A(F) = 0$$
$$\sum M_B(F) = 0$$

其中两矩心 A、B 的连线不能与力作用线平行。

平面平行力系只有两个独立的平衡方程，因而只能求解两个未知量。

【例 2-5】简支梁如图 2-13（a）所示。梁上作用有两个集中力，其中 $F_1 = F_2 = 20\text{kN}$，试求支座处的支座反力。

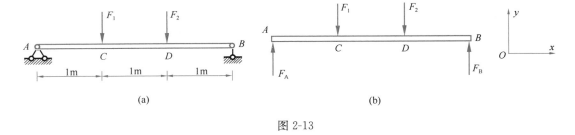

(a)　　　　　　　　　　　　(b)

图 2-13

【解】

1. 选取研究对象，画出受力图，如图 2-13（b）所示。

2. 建立坐标系，列平衡方程：

$\sum M_A(F) = 0; -F_1 \times 1 - F_2 \times 2 + F_B \times 3 = 0; F_B = 20\text{kN}(\uparrow)$。

$\sum Y = 0; F_A + F_B - F_1 - F_2 = 0; F_A = 20\text{kN}(\uparrow)$。

任务强化

1. 平面平行力系的平衡方程是什么？
2. 平面平行力系的简化的结果是什么？

任务 2.4　平面一般力系的合成与平衡

任务介绍

1. 介绍平面一般力系的简化与合成。
2. 介绍平面一般力系的平衡计算。

任务目标

1. 了解平面一般力系的简化与合成方法。
2. 能运用平面一般力系的平衡方程计算单个构件的平衡问题。

任务引入

某房屋中的梁 AB 两端支承在墙内，构造及尺寸如图 2-14（a）所示；该梁简化为简支梁如图 2-14（b）所示，不计梁的自重。要保证其稳定性，应满足什么条件？如何验算？

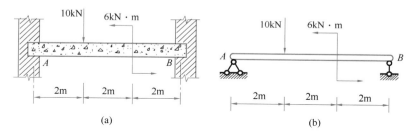

(a)　　　　　　　　　　　　　　　　(b)

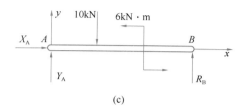

(c)

图 2-14

任务分析

画出刚架受力图如图 2-14（c）所示，通过对梁 AB 的受力分析，可知该梁受到的是平面一般力系作用，只有当梁 AB 受到的力系满足平面一般力系的平衡条件时刚架才能保证其稳定性。本任务的主要内容就是介绍平面一般力系的平衡计算。

相关知识

平面一般力系是工程实际中最常见的力系之一，在建筑工程中所遇到的很多实际问题都可简化成平面一般力系问题来处理，例如，水坝、挡土墙等可以将简化后的结构自重、地基反力、水压力等看作是一个平面一般力系。所以，本任务所研究的内容在建筑力学中占有很重要的地位。

各力作用线均在同一平面内既不完全汇交又不完全平行的力系称为平面一般力系，由于各力在作用平面内是任意分布的，所以平面一般力系又叫平面任意力系。

2.4.1　平面一般力系的简化与合成

一刚体受到 $F_1, F_2, \cdots, F_n$，这 n 个力组成的平面一般力系作用，如图 2-15（a）所示。根据力的平移定理，可以把这些力平移到其作用面内的任一点 A，这样就把一个平面一般力系变成为一个平面汇交力系和一个平面力偶系，如图 2-15（b）所示，其中：

$$F'_1 = F_1, F'_2 = F_2, \cdots, F'_n = F_n;$$

$$m_1 = M_A(F_1), m_2 = M_A(F_2), \cdots, m_n = M_A(F_n)。$$

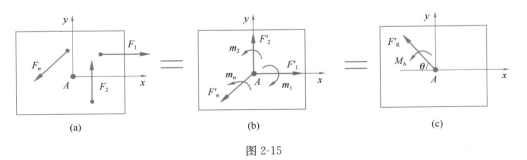

图 2-15

作用于简化中心 A 点的平面汇交力系可以合成为一个力，这个力的大小及方向称为原力系对简化中心的主矢，用 F'_R 表示；平面力偶系可以合成为一个力偶，其力偶矩称为原力系对简化中心的主矩，用 M_A 表示。

平面一般力系向作用面内任意一点的简化结果如图 2-15（c）所示，根据前面学过的知识可知：

$$F'_R = \sqrt{(\sum F_x)^2 + (\sum F_y)^2}$$

$$\tan\theta = \left| \frac{\sum Y}{\sum X} \right|$$

$$M_A = \sum M_A(F_i)$$

显然，平面一般力系的简化及合成情况与平面平行力系的简化及合成情况一样，即平面一般力系的简化结果是一个主矢和一个主矩，合成结果有三种可能：

1. 无论主矩是否为零，只要主矢不等于零，原力系都将合成为一个合力。
2. 若主矢等于零，主矩不等于零，原力系最终合成为一个合力偶。
3. 若主矢、主矩都等于零，则说明原力系平衡。

2.4.2 平面一般力系的平衡计算

1. 平面一般力系的平衡条件

由上节讨论可知，当平面一般力系简化的主矢和主矩均为零时，则力系处于平衡状态。同理，若力系是平衡力系，则该平衡力系向平面内任一点简化的主矢和主矩必然为零。因此，平面任意力系平衡的充分与必要条件为：$F'_R = 0, M_O = 0$，即：$F'_R = \sqrt{(\sum F_x)^2 + (\sum F_x)^2} = 0, M_O = \sum M_O(F) = 0$。

2. 平面一般力系的平衡方程

平面一般力系的平衡方程有三种形式，分别是一矩式、二矩式和三矩式。

（1）一矩式（又称基本形式）

$$\sum X = 0$$

$$\sum Y = 0$$

$$\sum M_A(F) = 0$$

（2）二矩式

$$\sum X = 0$$

$$\sum M_A(F) = 0$$

$$\sum M_B(F) = 0$$

其中两矩心 A、B 的连线不能与投影轴 x 垂直。

（3）三矩式

$$\sum M_A(F) = 0$$

$$\sum M_B(F) = 0$$

$$\sum M_C(F) = 0$$

其中三个矩心 A、B、C 不能共线。

3. 平面一般力系的平衡方程的应用

用平面一般力系平衡方程求解工程实际问题一般有以下步骤：

（1）根据解题需要选取适当的研究对象，并画出研究对象的受力图。

（2）建立平面直角坐标系。

（3）列出平衡方程，解方程或方程组，计算出未知量。

🔊 **温馨提示**

（1）列平衡方程时要注意坐标轴和矩心的选择方法：坐标轴一般选在与未知力垂直的方向上；矩心可选在尽量多的未知力共同作用点（或汇交点）上或不需求解的未知力作用线上。

（2）约束反力方向的确定：在用解析法求解平面力系平衡问题，画受力图时，凡约束反力的指向未知都要先行假设，约束反力的实际指向则需要通过计算来确定。若计算结果为正，则说明该约束反力的实际指向与假设指向一致；若计算结果为负，则说明该约束反力的实际指向与假设指向相反。

【例 2-6】如图 2-16（a）所示，梁 AC 在 C 处受集中力 $F=10\text{kN}$ 作用，试求 A、B 处的支座反力。

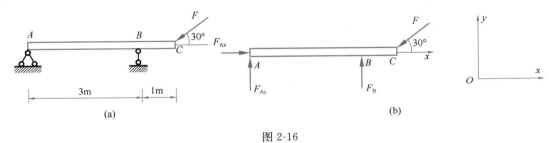

图 2-16

【解】

以杆 AB 为研究对象，画其受力分析图如图 2-16（b）所示，建立直角坐标系，列平衡方程：

$$\begin{cases} \sum X=0, F_{Ax}-F\cos30°=0 \\ \sum Y=0, F_{Ay}+F_{B}-F\sin30°=0 \\ \sum M_{A}(F)=0, F_{B}\times3-F\sin30°\times4=0 \end{cases}$$

三式联立求解得：

$$\begin{cases} F_{Ax}=8.66\text{kN}(\rightarrow) \\ F_{Ay}=-1.67\text{kN}(\downarrow) \\ F_{B}=6.67\text{kN}(\uparrow) \end{cases}$$

【例 2-7】已知某悬臂梁 AB 的结构计算简图如图 2-17（a）所示，梁自重忽略不计，求悬臂梁上 A 处的支座反力。

【解】

取梁 AB 为研究对象，画出其受力图并建立直角坐标系，如图 2-17（b）所示。

$\sum X=0, F_{Ax}=0$；

$\sum Y=0, F_{Ay}-10\times1.4=0, F_{Ay}=14\text{kN}(\uparrow)$；

$\sum M_{A}(F)=0, m_{A}-10\times1.4\times0.7=0, m_{A}=9.8\text{kN}\cdot\text{m}(\circlearrowleft)$。

验算：$\sum M_{B}(F)=m_{A}-F_{Ay}\times1.4+10\times1.4\times0.7=9.8-14\times1.4+10\times1.4\times0.7=0$，说明计算无误。

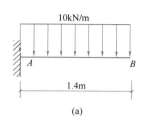

(a)

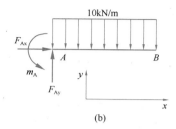

(b)

图 2-17

【例 2-8】某房屋中的梁两端支承在墙内，构造及尺寸如图 2-18（a）所示。该梁简化为简支梁如图 2-18（b）所示，已知 $F=15\text{kN}$，$m=18\text{kN}\cdot\text{m}$，梁自重不计，求墙壁对梁两端的约束反力。

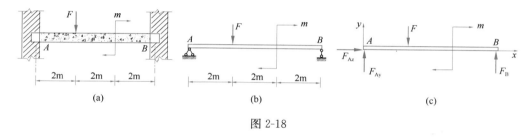

图 2-18

【解】

1. 取梁 AB 为研究对象，画其受力图和选取坐标轴如图 2-18（c）所示。

2. 列平衡方程，求支座反力。

$\sum M_A = 0, 6F_B - 2F - m = 0$。

$\sum M_B = 0, -6F_{Ay} + 4F - m = 0$。

$\sum X = 0, F_{Ax} = 0$。

3. 三式联立求解得：

$$F_B = \frac{1}{6}(2F+m) = \frac{1}{6} \times (2 \times 15 + 18) = 8\text{kN}(\uparrow);$$

$$F_{Ay} = \frac{1}{6}(4F-m) = \frac{1}{6} \times (4 \times 15 - 18) = 7\text{kN}(\uparrow);$$

$$F_{Ax} = 0。$$

【例 2-9】求图 2-19（a）所示悬臂梁结构的固定端支座的约束力。

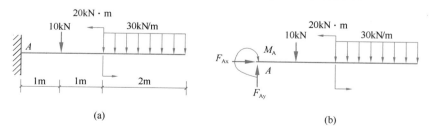

(a)

(b)

图 2-19

【解】

作受力图，如图 2-19（b）所示。固定端约束除了限制物体在水平方向和竖直方向移动外，还限制物体在平面内转动。因此建立平衡方程：

$\sum F_x = 0, F_{Ax} = 0$；

$\sum F_y = 0, F_{Ay} - 10 - 30 \times 2 = 0, F_{Ay} = 70 \mathrm{kN}$；

$\sum M_A = 0, \ -M_A - 10 \times 1 + 20 - 30 \times 2 \times 3 = 0, \ M_A = -170 \mathrm{kN} \cdot \mathrm{m}$。

M_A 的值为负，表示实际方向与假设的方向相反，为逆时针方向。

任务强化

1. 平面一般力系的平衡方程有哪几种形式？应用这些方程时要注意些什么？

2. 设某平面一般力系向某一点简化得到一合力，如另选适当的点为简化中心，问力系能否简化为一力偶？为什么？

3. 计算图 1 所示各梁的支座反力。各梁自重均忽略不计。

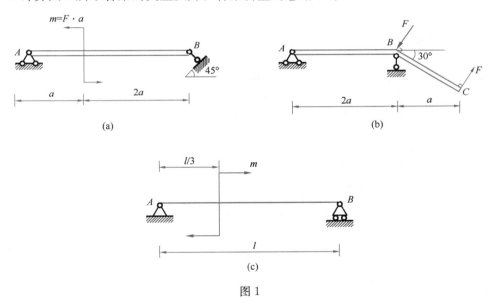

(a)　　　　　　　　　　　　　　　　　(b)

(c)

图 1

4. 一简支梁受到 $F_1 = 60 \mathrm{kN}, F_2 = 120 \mathrm{kN}$ 两个集中力作用，如图 2 所示，梁自重忽略不计，求该梁的支座反力。

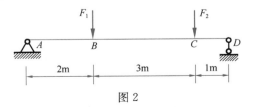

图 2

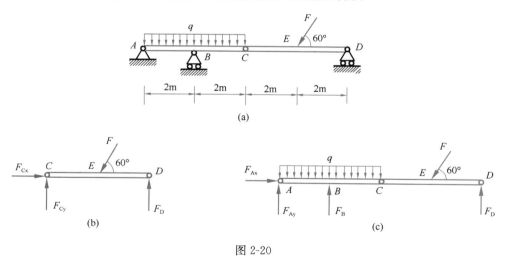

任务 2.5　物体系统的平衡问题

任务介绍

1. 介绍物体系统的平衡。
2. 介绍物体系统的平衡计算。

任务目标

掌握平面一般力系的平衡计算。

任务引入

一水平组合梁如图 2-20（a）所示，已知 $F = 40\mathrm{kN}, q = 20\mathrm{kN/m}$，各梁自重均忽略不计。该组合梁由梁 AC、梁 CD 两根短梁组合而成，试对该物体系统中的梁 CD 进行受力分析，并探究对于组合梁系统来说，哪些是内力，哪些是外力？

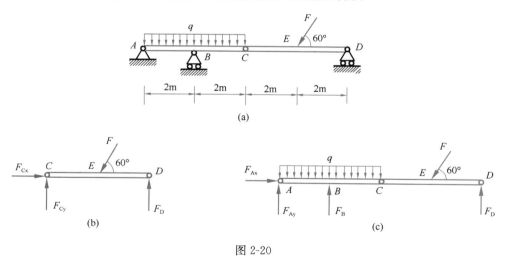

图 2-20

任务分析

我们先将梁 CD 作为研究对象，画出其受力，如图 2-20（b）所示，然后取整个梁 AD 为研究对象进行整体受力分析，画出其受力，如图 2-20（c）所示。判断对于组合梁系统来说，哪些是内力，哪些是外力。通过本任务的学习，希望读者能够在复习巩固前面学习过的物体系统受力分析的基础上掌握对物体系统的平衡计算方法。

 相关知识

物体系统，是指由两个或两个以上的物体通过一定的约束连接在一起所组成的系统。如图 2-21 所示。

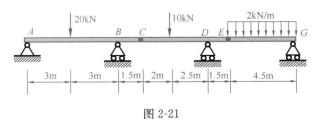

图 2-21

物体系统的平衡，是指物体系统整体处于平衡状态，系统中的每个物体也都处于平衡状态。一般来说，由 n 个物体组成的物体系统，每个物体又都受平面一般力系作用，则总共可列出 $3n$ 个独立的平衡方程，从而可以求解 $3n$ 个未知量。如果系统中的物体受的是平面汇交力系、平面力偶系或平面平行力系作用，则独立的平衡方程的个数将相应减少，所能求得未知量的个数也相应减少。

对于物体系统的平衡问题，我们不仅需要计算出物体系统所受的外力，常常还需要计算出物体系统内各物体之间的相互作用力，即内力。由于物体系统平衡问题中未知量数目较多，因此求解物体系统的平衡问题比求解单个物体的平衡问题要复杂些，但是求解物体系统平衡问题的基本方法和过程与求解单个物体平衡问题是相同的，即选取研究对象→画受力图→列平衡方程→求解未知量。

正确处理好物体系统的平衡问题，必须注意以下几点：

1. 研究对象的选取

善于选取研究对象是求解物体系统平衡问题的关键，也是解题的切入点。在求解物体系统平衡问题时，可以选取物体系统中的单个物体为研究对象，也可以选取某几个物体组成的局部系统为研究对象，还可以选取整个物体系统为研究对象。用哪个不用哪个，先用哪个后用哪个，皆取决于解题方便而定。

2. 受力分析

画出受力图，进行受力分析是正确解题的前提，受力图必须正确。

3. 作用与反作用公理的应用

物体系统拆开处作用力与反作用力的关系是求解未知力的"桥"，起到了承上启下的作用。

4. 平衡方程的选取

选取哪种形式的平衡方程，完全取决于计算的方便与否，通常尽量使一个方程只包含一个未知量，这样可避免解联立方程，从而简化计算。解题时要根据未知力的具体情况，选取合适的平衡方程形式（投影方程或力矩方程）。在选用投影方程时，应该选取与较多

未知力的作用线垂直的坐标轴为投影轴；在选用力矩方程时，应该选取两个未知力的交点为矩心。

【例 2-10】水平梁承受荷载如图 2-22（a）所示，梁自重不计，求 A、B、C 三处的约束反力。

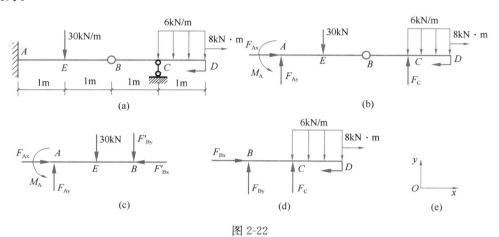

图 2-22

【解】

1. 分别画出系统整体及各部分的受力图，如图 2-22（b）～图 2-22（d）所示。

2. 建立平面直角坐标系如图 2-22（e）所示。

3. 选取适当的研究对象，列出相应的平衡方程并计算出各个未知量。

（1）对 BD 杆有：

$\sum X = 0, F_{BC} = 0$；

$\sum M_B(F) = 0, F_C \times 1 - 6 \times 1 \times 1.5 - 8 = 0, F_C = 17 \mathrm{kN}(\uparrow)$；

$\sum M_C(F) = 0, -F_{By} \times 1 - 6 \times 1 \times 0.5 - 8 = 0, F_{By} = -11 \mathrm{kN}(\downarrow)$。

（2）对整体有：

$M_O(F) = 0, M_A - 30 \times 1 + F_C \times 3 - 6 \times 1 \times 3.5 - 8 = 0, M_A = 8 \mathrm{kN} \cdot \mathrm{m}(\circlearrowleft)$；

$\sum X = 0, F_A = 0$；

$\sum Y = 0, F_{Ay} - 30 + F_C - 6 \times 1 = 0, F_{Ay} = 19 \mathrm{kN}(\uparrow)$。

任务强化

1. 在求解物体系统的平衡问题时，注意事项有哪些？

2. 如图 1 所示，能否将作用于杆 AB 上的力偶"搬移"到杆 BC 上？为什么？

3. 如图 2 所示，支架由杆 AB、BC 构成，A、B、C 三处均为光滑圆柱铰链约束，在 B 点作用一大小为 $80 \mathrm{kN}$ 的铅垂力 F_P，杆的自重不计。试求在图示三种情况下 AB、BC 杆所受的力。

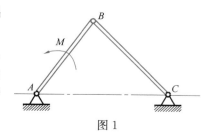

图 1

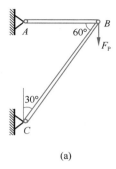

(a)

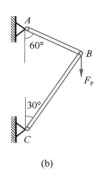

(b)

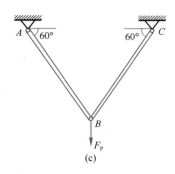

(c)

图 2

项目 2 考核

一、判断题

1. 若力 F_1 和 F_2 大小相等、方向相反且作用在同一个物体上，则物体一定平衡。（　　）

2. 作用于某刚体上的一个力，可沿其作用线移动到刚体上的任一点。（　　）

3. 二力杆就是只有两点受力的杆件。（　　）

4. 一个平面汇交力系最多可以列出 3 个独立的平衡方程。（　　）

5. 一个力可以和一个力系等效。（　　）

6. 若一个物体系统处于平衡状态，则系统中的每个物体也都处于平衡状态。（　　）

二、填空题

1. 平面一般力系独立的平衡方程有＿＿个，有＿＿＿种形式。

2. 平面汇交力系独立的平衡方程有＿＿＿个。

3. 平面平行力系独立的平衡方程有＿＿个。

4. 平面力偶系独立的平衡方程数目有＿＿个。

5. 如果在一个力系中，各力的作用线均匀分布在同一平面内，但它们既不完全平行，又不汇交于同一点，我们将这种力系称为＿＿＿＿＿＿。

6. 平面一般力系平衡方程的基本形式为 $\sum X = 0, \sum Y = 0, \sum M_O(F) = 0$。其中 $\sum X = 0$ 表示＿＿＿＿＿＿＿＿＿＿＿＿；$\sum Y = 0$ 表示＿＿＿＿＿＿＿＿＿＿＿＿＿＿＿；$\sum M_O(F) = 0$ 表示＿＿＿＿＿＿＿＿＿＿＿＿＿＿＿＿。

三、选择题

1. 平面任意力系合成的结果是（　　）。

A. 合力　　　　　　B. 合力偶　　　　　　C. 主矩　　　　　　D. 主矢和主矩

2. 平面汇交力系的合力 F，在 x 轴上的投影为 0，则合力应（　　）。

A. 垂直于 x 轴　　　B. 平行于 x 轴　　　C. 与 x 轴重合　　　D. 不能确定

3. 对于各种平面力系所具有的独立平衡方程的叙述，不正确的是（　　）。

A. 平面汇交力系有两个独立的平衡方程

B. 平面平行力系有三个独立的平衡方程

C. 平面一般力系有三个独立的平衡方程

D. 由 n 个物体组成的物体系统，受平面一般力系作用时，有三个独立的平衡方程

4. 对于一个平面任意力系，利用其平衡条件最多可求解的未知量个数为（　　）。

A. 1 个　　　　　　B. 2 个　　　　　　C. 3 个　　　　　　D. 4 个

四、计算题

1. 试求图 1 中各梁的支座反力。

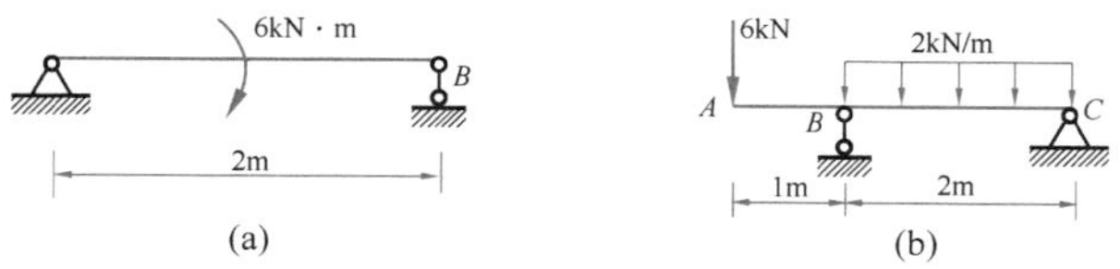

(a)　　　　　　　　　　　　　　　(b)

图 1

2. 一简支梁受两个力 F_1、F_2 作用，如图 2 所示，已知 $F_1 = 60$kN，$F_2 = 20$kN，梁自重忽略不计，试求 A、B 处的支座反力。

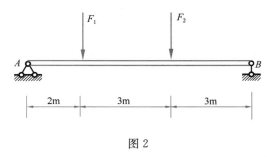

图 2

3. 如图 3 所示，四个力作用于 O 点，设 $F_1 = 10$N，$F_2 = 10$N，$F_3 = 20$N，$F_4 = 40$N。试求其合力 $F_合$（保留两位小数）。

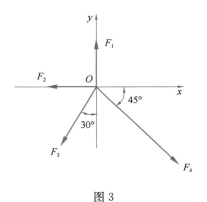

图 3

4. 求如图 4 所示物体系统中支座 A、B 处及中间铰 C 处的约束反力。

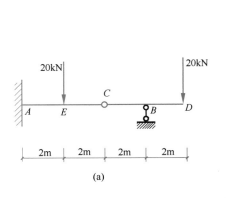

(a)

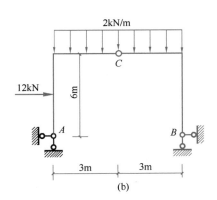

(b)

图 4

5. 简易起吊装置如图 5 所示，A 处为固定端支座，B、C、D 处均为铰链连接，重物 $F_G = 4kN$，各杆自重不计，试求 A、B 处的约束反力及杆 CD 所受的力。

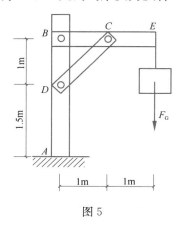

图 5

模块二　建筑力学之坚

——确定杆件的承载能力

项目 3

Chapter 03

杆件内部效应研究基础

知识目标

1. 理解变形固体的概念及基本假设。
2. 认识内力、应力、强度、刚度和压杆的稳定性。
3. 掌握内力的计算方法——截面法。
4. 掌握杆件变形的基本形式。
5. 正确认识不同杆件受力变形特点。

能力目标

1. 了解内力、应力、强度、刚度和压杆的稳定性。
2. 能够熟练使用截面法计算内力。
3. 掌握杆件变形的基本形式。
4. 能够正确认识不同杆件受力变形特点。

项目概要

　　结构是建筑物中承担荷载并起骨架作用的部分，结构由构件组成。为保证组成结构的每个构件都安全可靠，其必须要有足够的强度、刚度和稳定性。

任务 3.1　认知杆件变形的形式

任务介绍

1. 介绍变形固体及其基本假定。
2. 介绍杆件的基本变形形式。
3. 介绍不同杆件受力特点。
4. 介绍不同杆件变形特点。

任务目标

1. 掌握杆件的基本变形形式。
2. 认识不同杆件受力特点。
3. 认识不同杆件变形特点。

任务引入

观看施工人员使用钢筋调直机调直钢筋并切断的过程。观察钢筋调直机是怎么运动的?

任务分析

钢筋调直机通过调直轮的运动和压力,把成卷的钢材压弯一定程度,进行曲线运动,使钢筋产生塑性变形并切断。请思考这里有哪几种变形形式?

任务讲解

3.1.1　变形固体的概念

1. 变形固体的概念

材料力学所研究的构件,其材料的物质结构和性质虽然千差万别,但却具有一个共同的特性,即它们都由固体材料制成,如钢、木材、混凝土等,而且在荷载作用下会产生变形。因此,这些物体统称为变形固体。变形固体的变形按变形性质可分为弹性变形和塑性变形（图 3-1）。

(a) 弹性变形　　　　　　　　　　　　　　　(b) 塑性变形

图 3-1

（1）弹性变形：构件受到外力作用产生变形，当外力撤除时随之消失的变形称为弹性变形。

（2）塑性变形：构件受到外力作用产生变形，当外力撤除时不随之消失而残留下来的变形称为塑性变形。

2. 理想弹性体

去掉外力后能完全恢复原状的物体称为理想弹性体。实际上，并不存在理想弹性体，但常用的工程材料如金属、木材等，当外力不超过某一限度时（称弹性阶段），很接近于理想弹性体，这时可将它们视为理想弹性体。

3. 小变形

工程中大多数构件在荷载作用下，其几何尺寸的改变量与构件本身的尺寸相比，通常是很微小的，我们称这类变形为"小变形"。

4. 变形固体的基本假设

材料力学研究构件的强度、刚度、稳定性时，常根据与问题有关的一些主要因素，省略一些关系不大的次要因素，对变形固体作了如下假设：

（1）连续性假设

连续性假设，是指物质内部不存在空隙，认为构成固体的物质无间断地填充了固体的几何空间。然而，实际的固体物质在结构上并非完全连续，组成固体的粒子之间存在一定的空隙。但这些空隙与构件尺寸相较之下，微乎其微，可忽略不计。

（2）均匀性假设

均匀性假设，是指物质或材料的性质在空间分布上呈现一致性，即在固体体积内，各处的力学性质完全相同。以金属材料为例，尽管其内部各个晶粒的力学性质并不完全相同，但是在构件或构件的某一部位中，包含的晶粒数量众多且排列无规律，因此，其力学性质可视为所有晶粒性质的统计平均值。据此，我们可以认为构件内部各部分的性质具有均匀性。

（3）各向同性假设

固体在各个方向上具有相同的力学性质，这种特性使得具备该种属性的材料被称为各向同性材料。常见的各向同性材料包括金属、玻璃和塑胶等。而若材料在各个方向上具有不同的力学性质，我们将其称为各向异性材料，如木材、竹材、纤维制品以及经过冷拉处理的钢丝等。在本教材中，我们主要讲述的是各向同性材料。

3.1.2 杆件的基本变形形式及组合变形

变形，是指构件的形状、尺寸的改变或构件内各点相对位置的改变。

实际的工程结构中，许多受力构件如桥梁、房屋的梁和柱等，其长度方向的尺寸远远大于横截面尺寸，这一类的构件在材料力学的研究中统称为杆件。这些杆件可能受到各种各样力的作用，因此，杆件的变形也是各种各样的，但杆件的基本变形形式只有四种（轴向拉伸或轴向压缩、剪切、扭转以及弯曲变形）。然而，实际中的杆件只发生单一基本变形的情形是比较少的，通常是以一种基本变形为主，伴随发生其他类型次要的变形；或者同时发生两种或两种以上的基本变形，这种变形称为组合变形。

1. 轴向拉伸或轴向压缩变形

轴向拉伸或轴向压缩变形是杆件的基本变形形式之一。

受力特点：由一对大小相等、方向相反、作用线与杆件轴线重合的轴向外力作用。

变形特点：在受力基础上杆件长度发生伸长［图 3-2（a）］或缩短［图 3-2（b）］。

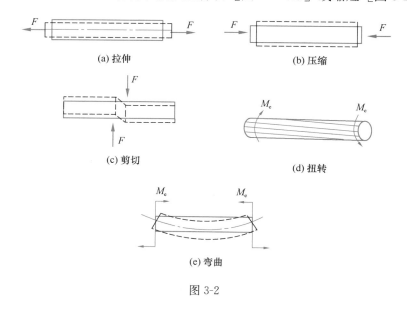

(a) 拉伸　　　　　　　　　　(b) 压缩

(c) 剪切　　　　　　　　　　(d) 扭转

(e) 弯曲

图 3-2

2. 剪切变形

剪切变形是杆件的基本变形形式之一。当杆件某一截面处受到等值、反向、作用线平行且相距很近的一对横向力作用时，将使杆件两部分沿这一截面（剪切面）发生相对错动的变形，这种变形称为剪切变形。剪力，是指作用于同一个物体的两个距离很近（但不完全为零）、等值、反向、作用线平行的平行力，用 V 表示。

受力特点：由大小相等、方向相反、作用线相距很近的横向外力作用。

变形特点：受剪杆件的两部分沿外力作用方向发生相对错动，如图 3-2（c）所示。

3. 扭转变形

扭转变形是杆件的基本变形形式之一。

受力特点：由大小相等、转向相反，作用平面与杆件轴线垂直的外力偶作用。

变形特点：表现为杆件的任意两个横截面发生绕杆轴线的相对转动，如图 3-2（d）所示。

4. 弯曲变形

弯曲变形是杆件的基本变形形式之一。

受力特点：由大小相等、转向相反，作用在纵向平面内的外力偶作用。

变形特点：表现为杆件轴线由直线变为曲线，如图 3-2（e）所示。

5. 组合变形

杆件在特定荷载条件下可能发生四种基本变形形式，包括轴向拉伸或轴向压缩、剪切、扭转及弯曲变形。然而，在工程实践中，杆件所承受的一般荷载往往无法满足产生基本变形所需的条件。此类一般荷载所导致的变形可视为两种或两种以上基本变形的组合，简称组合变形。解决组合变形的强度问题可用叠加法。

任务强化

请分别说出图 1～图 3 发生什么组合变形？

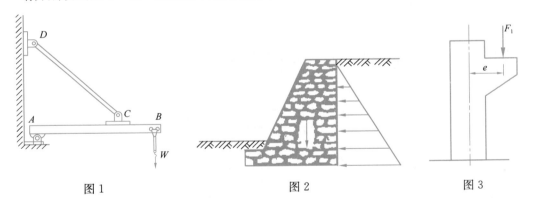

图 1　　　　　　　　图 2　　　　　　　　图 3

任务 3.2　认知内力及构件的承载能力

任务介绍

1. 介绍内力、应力概念。
2. 介绍求内力的方法——截面法。
3. 介绍强度、刚度、压杆的稳定性概念。

任务目标

1. 理解内力的概念。
2. 掌握求内力的方法——截面法。
3. 理解强度、刚度、稳定性的概念。

任务引入

如图 3-3（a）所示为一受拉杆，请取左段用截面法画出 m-m 截面上的内力，并画出受力图。

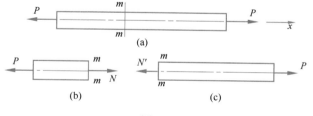

图 3-3

任务分析

根据题意我们取左段作为研究对象，可画出截面受力如图 3-3（b）所示。

由 $\sum X=0$，$N-P=0$；

解得：$N=P$。

同样以右段为研究对象，可画出截面受力如图 3-3（c）所示。

由 $\sum X=0$，$N'-P=0$；

解得：$N'=P$。

由上可见 N 与 N' 大小相等，方向相反，符合作用与反作用定律。由于内力的作用线与轴线重合，故称轴力。其实际是横截面上分布内力的合力。为了无论取哪段，均使求得的同一截面上的轴力 N 有相同的符号，则规定：轴力 N 方向与截面外法线方向相同为正，即为拉力；相反为负，即为压力。

3.2.1　内力

构件是由无数质点组成的，各质点之间存在着相互作用力，使构件保持原有形状。构件在外力作用下，发生形变，使得其中的质点相互位置发生迁移，相互作用力也随之调整。这种由外力引起、内部质点间相互作用力发生的变动，称为"附加内力"，简称"内力"。

内力源于外力，其大小随外力的变化而变化。当外力增强时，构件的变形和内力也随之增大。各种不同的外力作用导致不同的变形类型，进而产生各种形式的内力。然而，内力的增加并非无限制的，它不能随着外力的增大而无限度地增强。当内力的增加超过特定限度时，构件便会发生破坏。这一限度因物体性质、构件材料和几何尺寸等因素而异。

3.2.2　截面法

截面法是求内力的基本方法。要确定杆件某一截面上的内力，可以假想将杆件沿需求内力的截面截开，将杆件分为两部分，并取其中一部分作为研究对象。此时，截面上的内力被显示出来，并成为研究对象上的外力，再由静力平衡条件求出此内力。这种求内力的方法，称为截面法。

截面法求内力的步骤可归纳为：

1. 截开

在寻求内力的截面处，设想将杆件通过截面一分为二［图 3-4（a）］。舍弃其中任意一部分，保留另一部分作为研究对象。

2. 代替

截面上的内力分布可以简化成力和力偶代替弃去部分对保留部分的作用，如图 3-4（b）和图 3-4（c）所示。

3. 平衡

根据保持部分平衡的条件，建立平衡方程，以计算截面上的内力。

内力具备以下特性：

（1）为指定截面上的连续分布力系；

（2）与外力共同构成平衡力系（在特定情况下，内力自身形成自相平衡力系）。

需要注意的是，尽管可以利用静力平衡方程计算内力的数值，但仍无法获得内力在指定截面上的分布规律。

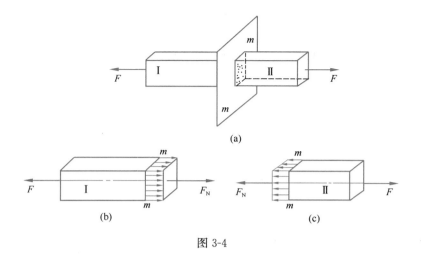

图 3-4

【例 3-1】如图 3-5 所示，直杆在诸力作用下保持平衡。请计算指定截面 1-1、2-2 处的杆内力。

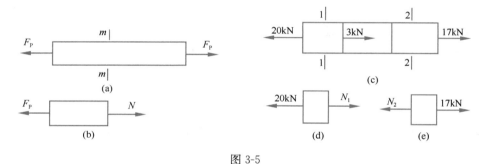

图 3-5

【解】根据：

$\sum X_i = 0, N - F_P = 0;$

$N = F_P。$

截面 1-1 处杆内力：

$\sum X_i = 0, N_1 - 20 = 0;$

$N_1 = 20 \text{kN}（拉力）$

截面 2-2 处杆内力：

$\sum X_i = 0, 17 - N_2 = 0;$

$N_2 = -17 \text{kN}（压力）$

3.2.3 应力

1. 应力概念

构件的破坏与其所承受的内力大小及内力在构件截面上的密集程度（简称"集度"）

密切相关。通常，我们将内力在某一特定点处的集度称为应力，用公式表示为：$P = \lim\limits_{\Delta A \to 0} \dfrac{\Delta F}{\Delta A}$，式中，$P$ 代表 E 点处的应力，如图 3-6 所示。

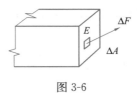

图 3-6

通常情况下，应力 P 与截面既不垂直亦不相切。在材料力学领域，我们总是将此类应力分解为垂直于截面和与截面相切两个分量。垂直于截面的应力分量称为正应力或法向应力，用 σ 表示；相切于截面的应力分量称为剪应力或切向应力，用 τ 表示，如图 3-7 所示。

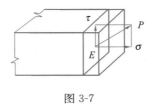

图 3-7

2. 应力特征

（1）应力是矢量

正应力 σ：垂直于截面；拉为正；压为负。

切应力 τ：平行于截面；顺时针为正；逆时针为负。

（2）单位

应力的量纲为每单位面积的力。应力的单位是"帕斯卡"，简称"帕"，用"Pa"表示。常用单位："千帕（kPa）""兆帕（MPa）""吉帕（GPa）"。

$1\mathrm{MPa} = 10^6\,\mathrm{Pa} = 10^6\,\mathrm{N/m^2}$。

$1\mathrm{GPa} = 10^9\,\mathrm{Pa} = 10^9\,\mathrm{N/m^2}$。

$1\mathrm{N/mm^2} = 10^6\,\mathrm{N/m^2} = 10^6\,\mathrm{Pa} = 1\mathrm{MPa}$。

3.2.4　强度、刚度、稳定性的概念

1. 强度

强度，是指表示工程材料抵抗断裂和过度变形的力学性能之一。常用的强度性能指标有拉伸强度和屈服强度（或屈服点）。铸铁、无机材料没有屈服现象，故只用拉伸强度来衡量其强度性能。高分子材料也采用拉伸强度。承受弯曲载荷、压缩载荷或扭转载荷时则应以材料的弯曲强度、压缩强度及剪切强度来表示材料的强度性能。

2. 刚度

刚度，是指材料或结构在受力时抵抗弹性变形的能力，是材料或结构弹性变形难易程度的表征。材料的刚度通常用弹性模量 E 来衡量。在宏观弹性范围内，刚度是零件荷载与

位移成正比的比例系数，即引起单位位移所需的力。它的倒数称为柔度，即单位力引起的位移。刚度可分为静刚度和动刚度。

3. 稳定性

稳定性，是指构件在受到外载荷作用时，保持原有平衡状态的能力。

任务强化

1. 工程图纸上，常以"mm"作为长度单位，则 $1N/mm^2$ 等于（　　）。

A. $10^6 N/m^2$ 　　　　 B. $10^9 N/m^2$ 　　　　 C. $10^9 Pa/m^2$ 　　　　 D. $10^6 Pa/m^2$

2. 截面法求内力的顺序可归纳为（　　）。

①截开；②代替；③平衡。

A. ①②③ 　　　　 B. ②③① 　　　　 C. ③①② 　　　　 D. ②①③

3. 应力集中对构件强度的影响与组成构件的材料（　　）。

A. 直接相关 　　　　 B. 无关 　　　　 C. 间接相关 　　　　 D. 没有联系

项目 3 考核

一、填空题

1. 变形固体的变形按变形性质分类为_____、_____。

2. 构件受到外力作用产生变形，当外力撤除时随之消失的变形称为_____。

3. 构件受到外力作用产生变形，当外力撤除时不随之消失而残留下来的变形称为_____。

4. 杆件的基本变形形式有四种：轴向拉伸或_____、_____、_____、_____。

5. _____是求杆件内力的基本方法。

6. 分别写出图中所示刚架各段的变形形式。

图 1（a）：AC 段____，BC 段____，CD 段____。

图 1（b）：AB 段____，BC 段____，CD 段____。

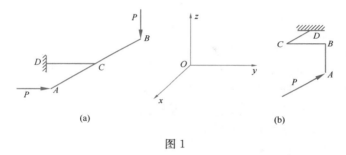

(a)　　　　　　　　　　　　(b)

图 1

二、简答题

在受到相同拉力作用的情况下，图 2 中两根材质相同但直径不同的杆件，随着拉力的增大，哪一根杆件会首先断裂？

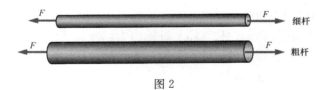

图 2

三、计算题

如图 3 所示为一受拉杆，用截面法求 $m\text{-}m$ 截面上的内力，$F_P = 15\text{N}$，求解 F_N 的值？

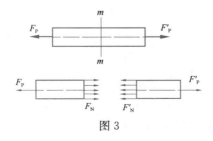

图 3

项目 **4**

Chapter 04

轴向拉（压）杆的承载能力计算

知识目标

1. 理解轴向拉（压）杆内力的概念。
2. 认识截面法计算轴向拉（压）杆内力，并掌握轴力图绘制技巧。
3. 理解轴向拉（压）杆应力的概念，并掌握其计算方法。
4. 学习轴向拉（压）杆变形的概念，掌握胡克定律。
5. 学习轴向拉（压）杆的强度计算。
6. 学习压杆的稳定性相关知识。

能力目标

1. 掌握轴向拉压杆内力的概念。
2. 能熟练运用截面法计算轴向拉（压）杆的内力，并正确绘制轴力图。
3. 理解轴向拉（压）杆应力的概念，并能进行计算。
4. 理解轴向拉（压）杆变形的概念，且熟练运用胡克定律分析计算轴向拉（压）杆变形。
5. 掌握轴向拉（压）杆的强度计算。
6. 掌握压杆的稳定性相关知识。

项目概要

在建设工程中，轴向拉（压）杆是承受轴向力的重要构件。为确保其工作稳定性，需进行承载能力计算。该杆件广泛应用于桥梁、建筑等机械装置和设备中，是保障整体结构安全的关键部分。本项目将重点学习轴向拉（压）杆的承载能力计算方法。

任务 4.1　轴向拉（压）杆的内力

任务介绍

1. 介绍轴向拉（压）杆的概念。
2. 介绍轴力的概念。
3. 介绍轴力的计算规则。
4. 介绍如何绘制拉（压）杆的轴力和轴力图。

轴向拉（压）
杆的内力

任务目标

1. 掌握轴向拉（压）杆的概念。
2. 掌握轴力的概念。
3. 学会轴力的计算。
4. 能够熟练绘制拉（压）杆的轴力和轴力图。

任务引入

两根材料相同而横截面面积不同的直杆，受到同样大小的轴向拉力的作用，两杆横截面上的轴力也相同。当轴向拉力逐渐增大时，横截面面积小的直杆，必定先被拉断，这说明什么？

任务分析

杆件强度不仅与轴力大小有关，而且与横截面面积有关。所以必须用横截面上的应力来度量杆件的强度。杆件横截面上的轴力并不能解决杆件的强度问题。

相关知识

4.1.1　轴向拉（压）杆的概念

在实际工程中，经常会遇到轴向拉伸或轴向压缩变形的杆件。例如，房屋建筑结构中的框架柱和梁、斜拉桥中的拉索、钢桁架中的斜拉杆和直杆等（图 4-1）。

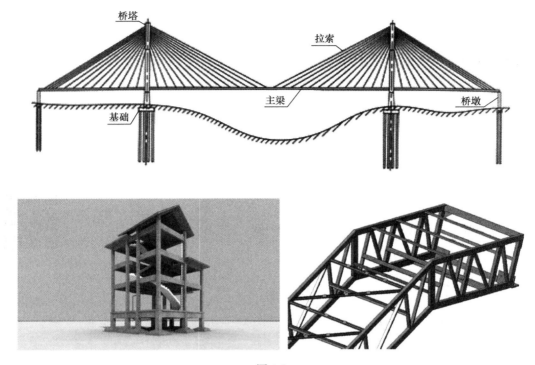

图 4-1

4.1.2 轴力

1. 轴力的概念

与杆件轴线相重合的内力，称为轴力，用符号 F_n 表示。当杆件受拉时，轴力为拉力，其指向背离截面；当杆件受压时，轴力为压力，其指向截面。通常规定拉力用正号表示，压力用负号表示。轴力单位为"牛（N）"或"千牛（kN）"。

2. 轴力的计算

在外力作用下，各类截面上的内力分布往往存在差异。为了直观地揭示内力分布规律，通常将内力随截面位置变化的情况以图形形式展示，这种图形称为内力图。内力图主要包括轴力图（N 图）、剪力图（V 图）以及弯矩图（M 图）。轴力正负号规定：拉力为正；压力为负。

在杆件受到两个以上轴向外力作用时，其不同截面上的轴力分布存在差异。我们称描述沿杆长各横截面上轴力变化规律的图为轴力图。横坐标轴 x 平行于杆轴线，用以表示各横截面的位置；纵坐标 N（F_s）垂直于杆轴线，用于表示各截面上轴力的大小。在坐标系中，将各截面上的轴力按比例绘制并连接，即可得到轴力图。在绘制轴力图时，正轴力位于轴线上方，负轴力则绘于轴线下方（图 4-2）。

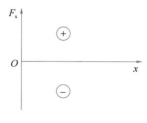

图 4-2

【例 4-1】一直杆所受外力如图 4-3（a）所示，试求各段截面上的轴力，并绘制直杆的轴力图。

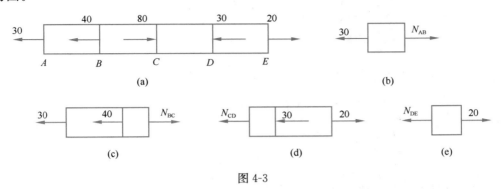

图 4-3

【解】在 AB 段范围内任一横截面处将杆截开，取左段为隔离体，如图 4-3（b）所示，假定轴力 N_{AB} 为拉力，列方程：

$\Sigma X = 0$；

$N_{AB} - 30 = 0$，$N_{AB} = 30(\text{kN})$。

结果为正值，故 N_{AB} 为拉力。

同理，可求得 BC 段内任一横截面上的轴力 ［图 4-3（c）］ 为：

$$N_{BC} = 30 + 40 = 70(\text{kN})。$$

在求 CD 段内的轴力时，将杆截开后取右段为脱离体，如图 4-3（d）所示，因为右段杆上包含的外力较少。列方程：

$$\Sigma X = 0；$$

$$N_{CD} - 30 + 20 = 0，N_{CD} = -10(\text{kN})。$$

结果为负值，说明 N_{CD} 为压力。

同理，可得 DE 段内任一横截面上的轴力 N_{DE} 为 20kN。

按上述作轴力图的规则，绘出杆件的轴力图，如图 4-4 所示。N_{max} 发生在 BC 段内的任一横截面上，其值为 70kN。

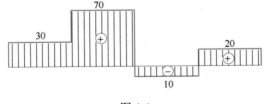

图 4-4

任务强化

1. 试求图 1 中所展示的各杆在截面 1-1、截面 2-2、截面 3-3 上的轴力，并据此绘制轴力图。

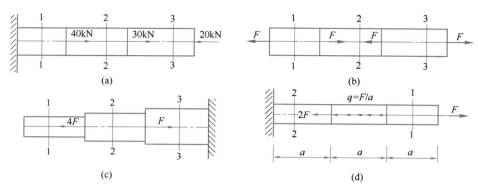

图 1

2. 试求如图 2 所示等截面直杆的轴力图。

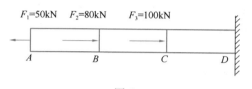

图 2

3. 试求图 3 杆件指定截面的轴力，并绘制杆件的轴力图。

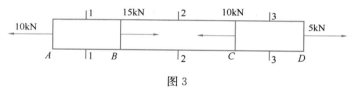

图 3

4. 试求图 4 杆件指定截面的轴力，并绘制杆件的轴力图。

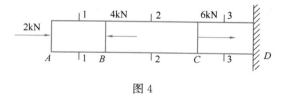

图 4

任务 4.2 轴向拉（压）杆的应力

任务介绍

1. 介绍应变的概念。
2. 介绍拉（压）杆横截面上应力、强度计算。
3. 介绍拉（压）杆斜截面上应力、强度计算。

任务目标

1. 了解应变的概念。
2. 掌握拉（压）杆横截面上应力强度计算。
3. 掌握拉（压）杆斜截面上应力强度计算。

任务引入

通过截面法，我们可以求出构件的轴力。但是只进行轴力分析并不能判断构件是否具有足够的强度。例如，用同一材料制成粗细不同的两根杆，在相同拉力作用下，两杆的轴力自然是相同的，但当拉力逐渐增大时，细杆必定先被拉断。

任务分析

这说明拉杆的强度不仅与轴力的大小有关，而且与横截面的面积有关。所以必须用横截面的应力来度量杆的受力程度。

相关知识

4.2.1 轴向拉（压）杆横截面上应力

内力是由外力引起的，而构件的变形和强度不仅取决于内力，还取决于构件截面的形状和大小以及内力在截面上的分布情况。为此，需引入应力的概念。应力，是指截面上某点处单位面积内的分布内力，即内力集度。轴向拉（压）杆横截面上只有正应力，没有切应力。

当我们想要求得轴向拉（压）杆的应力，就必须了解内力在横截面上的分布规律，这时我们可以通过变形试验来分析研究。

如图 4-5 所示，取一等截面直杆，在杆上画出与杆轴线垂直的横向线 ab 和 cd，再画上与杆轴线平行的纵向线，然后在杆两端沿杆的轴线作用拉力 F，使杆件产生拉伸变形。构件发生了变形，发现 ab 和 cd 仍然为直线，且仍然垂直于轴线，只是分别平移至 a'b' 和 c'd'。

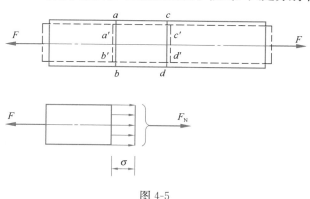

图 4-5

根据此现象，可提出如下平面假设：

在变形前，横截面为平面，且垂直于轴线；在变形后，仍保持为平面且垂直于轴线。

结论 1：正应力与轴力正负号相同，即拉应力为正，压应力为负。

结论 2：表面各纤维的伸长相同，所以它们所受的力也相同。

结论 3：正应力在横截面上是均匀分布的。

由：
$$F_{\text{N}} = \int_{\text{A}} \sigma \mathrm{d}A \tag{4-1}$$

可推出：
$$F_{\text{N}} = \sigma \int_{\text{A}} \mathrm{d}A = \sigma A \tag{4-2}$$

$$\sigma = \frac{F_{\text{N}}}{A} \tag{4-3}$$

式中，F_{N}——轴力；

A——杆的横截面面积。

若直杆受到若干轴向外力作用，则可通过轴力图确定其最大轴力 $F_{\text{N,max}}$。随后，将 $F_{\text{N,max}}$ 代入式（4-3），便可求得杆内的最大正应力：

$$\sigma_{\max} = \frac{F_{\text{N,max}}}{A} \tag{4-4}$$

注：危险截面，是指直杆中最大轴力所出现的横截面，该截面上的正应力被称为最大工作应力。

【例 4-2】一直杆的受力情况如图 4-6 所示，直杆的横截面面积 $A = 10\text{cm}^2$，试求各段横截面上的正应力。

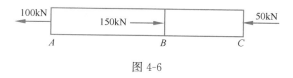

图 4-6

【解】

1. 用截面法求各段截面：
$$F_{\text{AB}} = 100\text{kN};$$
$$F_{\text{BC}} = -50\text{kN}。$$

计算各段的正应力值：

$$\sigma_{AB} = \frac{F_{AB}}{A} = \frac{100 \times 10^3}{10 \times 10^{-4}} = 100(\text{MPa})$$

$$\sigma_{BC} = \frac{F_{BC}}{A} = \frac{-50 \times 10^3}{10 \times 10^{-4}} = -50(\text{MPa})$$

4.2.2　轴向拉（压）杆斜截面上应力

　　轴向拉（压）杆横截面上的正应力，可作为强度计算的依据。但不同材料的试验表明，拉（压）杆的破坏并不总是沿横截面发生，有时也沿斜截面发生。那我们应如何进行计算？

　　如图 4-7 所示横截面面积为 A 的轴向拉杆为例，求与横截面成 α 角的任一斜截面 $m\text{-}m$ 上的应力。

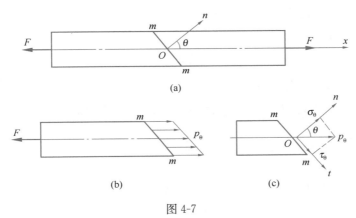

图 4-7

　　假设，沿杆任一斜截面 $m\text{-}m$ 将杆切开，取左段为研究对象，轴力均匀布在斜截面上，即：

$$P_\theta = \frac{F_N}{A_\theta} = \frac{F}{A_\theta}$$

横截面的面积为 A，则：

$$\frac{F_N}{A} = \sigma$$

$$P_\theta = \frac{F_N}{A_\theta} = \frac{F_N}{A}\cos\theta$$

$$P_\theta = \sigma\cos\theta$$

应力分解成两个量：

沿截面法线方向——正应力 $\sigma_\theta = P_\theta\cos\theta = \sigma\cos^2\theta$。

沿截面切线方向——切应力 $\tau_\theta = P_\theta\sin\theta = \frac{1}{2}\sigma\sin2\theta$。

式中，P_θ——斜截面上的总应力；

　　　　A_θ——斜截面的面积；

θ——自横截面外法线到斜截面外法线夹角 $\begin{cases} \text{逆时针时 } \theta \text{ 为正} \\ \text{顺时针时 } \theta \text{ 为负} \end{cases}$。

【例 4-3】 如图 4-8 所示，一直杆承受轴向载荷 $F = 10\mathrm{kN}$ 作用，杆的横截面面积 $A = 1000\mathrm{mm}^2$，粘结面的角度为 45°，试计算该截面上的正应力与切应力，并画出应力的方向。

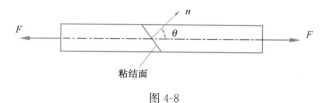

图 4-8

（1）斜截面正应力：

$$\sigma = \frac{F_\theta}{A} = \frac{10\mathrm{kN}}{1000\mathrm{mm}^2} = 10(\mathrm{MPa})$$

因此，该截面上的正应力是 10MPa，方向沿着截面的法线方向，即垂直于截面。

（2）斜截面切应力：

$$\tau_\theta = F_\theta \sin\theta = \frac{1}{2}\sigma\sin2\theta$$

当 $\theta = 45°$ 时，$\tau_\theta = 7.07\mathrm{MPa}$。

因此，该截面上的切应力是 7.07MPa，方向沿着截面的切线方向，与正应力方向垂直。

结论 1：正应力的方向垂直于杆的横截面，指向或远离杆的中心，具体取决于载荷 F 的方向。

结论 2：切应力的方向沿着杆的横截面，与正应力方向垂直，指向或远离 45°粘结面的方向。

图 4-9

综上所述，该截面上的正应力是 10MPa，方向垂直于截面；切应力是 7.07MPa，方向与正应力垂直，沿着 45°粘结面的切线方向。

（3）斜截面上的应力如图 4-9 所示。

任务强化

1. 该杆受轴向力如图 1 所示，横截面面积为 $500\mathrm{mm}^2$，试求 ab 斜截面上的应力。

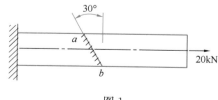

图 1

2. 图 2 为轴向受压等截面杆，横截面面积 $A=400\text{mm}^2$，荷载 $F=50\text{kN}$。试求斜截面 m-m 上的正应力与切应力。

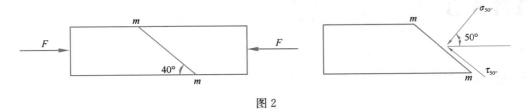

图 2

3. 如图 3 所示三角托架中，AB 杆为圆截面钢杆，直径 $d=30\text{mm}$；BC 杆为正方形截面木杆，截面边长 $a=100\text{mm}$。已知 $F=50\text{kN}$，试求各杆的应力。

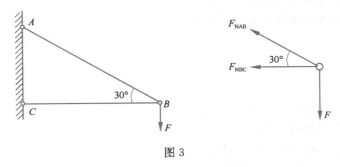

图 3

任务 4.3　轴向拉（压）杆的变形

任务介绍

1. 介绍轴向拉（压）杆概念。
2. 介绍纵向变形和横向变形。
3. 介绍胡克定律概念及计算方法。
4. 介绍纵向变形和横向变形的关系。

任务目标

1. 了解轴向拉（压）杆概念。
2. 了解纵向变形和横向变形。
3. 掌握胡克定律概念及计算方法。
4. 掌握纵向变形和横向变形的关系。

任务引入

任何杆件在承受载荷时均会产生变形。在特定结构或实际工程项目中，若杆件变形过大，可能导致其正常使用受到影响，因此需对杆件变形实施限制。请同学们参照图 4-10 阐述如何正确设置跳板以实现跳水动作。

图 4-10

任务分析

跳板跳水是在一块距离水面一定距离、具有弹性的板上进行的。跳板的一端固定，运动员则在另一端的弹性金属或玻璃钢跳板上展开动作。在进行规定动作和自选动作时，运动员会弹跳，这就要求我们的跳板具备较大的变形能力，以发挥其缓冲作用。因此，在结构设计过程中，无论是限制还是利用杆件的变形，都需要掌握计算杆件变形的方法。

相关知识

4.3.1　轴向拉（压）杆概念

轴向拉（压）杆是一种受到轴向拉力或压力作用的结构元件。当轴向力作用在拉（压）杆上时，会导致该杆件发生变形。

杆件在轴向拉力作用下，将发生伸长变形；杆件在轴向压力作用下，构件则会发生压缩变形。伸长或压缩变形的大小取决于施加在构件上的拉力或压力大小、构件材料的弹性模量以及构件初始长度。

如图 4-11 所示，实线代表变形前的形态，虚线表示变形后的状态。杆件变形前，杆件长为 l，横向尺寸为 d；杆件在变形后，杆件长度变为 l_1，横向尺寸变为 d_1。

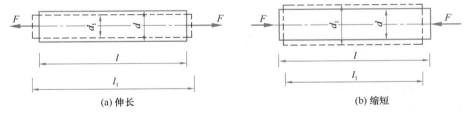

图 4-11

4.3.2　纵向变形和横向变形

纵向变形和横向变形是描述物体在受力后产生的两种不同方向上的变形。

纵向变形（也称为轴向变形或拉伸变形），是指物体沿着施加力的方向发生的伸长或压缩变化。当物体受到拉力时，会发生纵向伸长变形；当物体受到压力时，会发生纵向压缩变形。纵向变形的大小取决于施加的拉力或压力大小、物体的初始长度以及物体的材料特性。

横向变形（也称为横向收缩或侧向变形），是指物体在纵向受力的同时，在与施加力垂直的方向上发生的变形。当物体受到拉力时，横向变形表现为横向收缩；当物体受到压力时，横向变形表现为横向膨胀。横向变形的大小取决于物体的几何形状、材料的特性以及施加的拉力或压力大小。

1. 纵向绝对变形

纵向绝对变形，是指物体在受到纵向载荷作用后，实际长度相对于初始长度发生的变化量。当物体受到拉力时，它会发生纵向伸长变形；当物体受到压力时，它会发生纵向压缩变形。纵向绝对变形可以用 Δl 表示。符号规定：伸长为正，缩短为负。

纵向绝对变形可以通过以下公式计算得出：

$$\Delta l = l_1 - l \tag{4-5}$$

式中，Δl ——物体的纵向绝对变形；

l_1 ——物体在受力后的实际长度；

l ——物体的初始长度。

纵向绝对变形在工程和结构领域中非常重要，它关系着材料的可靠性、设计的合理性和结构的稳定性。通过对纵向绝对变形进行准确测量和分析，可以帮助工程师和设计人员了解受力部件的行为，确保其满足设计要求和安全标准。

2. 纵向相对变形

纵向相对变形（也称为纵向应变），是指物体在受到纵向荷载作用后，相对于其初始长度引起的相对变化量。它表示物体纵向长度的相对变化程度。纵向相对变形可以用 ε 表示。

当物体受到拉力时，它会发生纵向伸长变形，导致物体长度增加。同样的，当物体受到压力时，它会发生纵向压缩变形，导致物体长度缩短。

纵向相对变形可以通过以下公式计算得出：

$$\varepsilon = \frac{\Delta l}{l} \tag{4-6}$$

式中，ε ——物体的纵向相对变形（纵向应变）；

Δl ——物体的纵向绝对变形；

l ——物体的初始长度。

3. 横向绝对变形

横向绝对变形，是指结构物在水平方向上的整体变形量。它包括结构物的总体位移、扭转和变形等。横向绝对变形可以用来评估结构物的整体位移状况以及结构物对外力的响应和适应能力。

横向绝对变形可以通过以下公式计算得出：

$$\Delta d = d_1 - d \tag{4-7}$$

4. 横向相对变形

横向相对变形，是指结构物内部构件之间的相对位移。它反映结构物内部构件之间的相对变形情况，例如，层与层之间或柱与梁之间的变形。横向相对变形的大小和分布对结构物的稳定性和正常使用具有重要影响。

横向相对变形可以通过以下公式计算得出：

$$\varepsilon' = \frac{\Delta d}{d} \tag{4-8}$$

式中，ε'——横向线应变，显然纵向变形和横向变形符号相反。若纵向伸长，则横向就缩短，反之亦然。

4.3.3 胡克定律

胡克定律是关于材料弹性变形的基本原理之一。根据胡克定律，当一个物体受到外部力作用时，它会发生弹性变形，即形状和尺寸的改变。这种变形可以通过应变来描述。应变，是指物体单位长度或单位体积的变化。胡克定律表明，在弹性范围内，应力和应变成正比。

胡克定律基于线性弹性假设，即材料在弹性变形范围内的应力-应变关系是线性的。当应力超过材料的弹性极限时，材料可能发生塑性变形或破坏，此时胡克定律不再适用。胡克定律在工程领域有广泛应用，用于计算材料的应力、应变和弹性模量等参数，以进行结构设计和分析。

胡克定律的关系可通过以下公式进行表示：

$$\sigma = E\varepsilon$$
$$\varepsilon = \frac{\sigma}{E} \tag{4-9}$$

式中，σ——物体所受的应力（单位为：力/面积）；

E——材料的弹性模量（单位为：力/面积）；

ε——物体的应变。

在弹性变形允许的范围内，拉（压）杆的伸长量 Δl 与轴向拉力 F 及杆件长度成正比关系，与杆件横截面积 A 成反比关系，可用以下公式表示：

$$\Delta l = \frac{Fl}{A} \tag{4-10}$$

引入比例常数 E，可知：

$$\Delta l = \frac{Fl}{EA} \tag{4-11}$$

当轴力 $F_n = F$ 时：

$$\Delta l = \frac{F_n l}{EA} \tag{4-12}$$

在遵循胡克定律的同时，式（4-12）表达了受力与变形之间的关系。在此公式中，比例常数 E 被称为材料的弹性模量，该值通过实验测定，单位为"帕斯卡（Pa）"，与应力单位一致。它体现了材料抵抗拉伸（或压缩）变形的能力。EA 被称为杆件的拉伸（或压缩）刚度。针对长度相同、受力相同的杆件，EA 值越大，杆的变形 Δl 就越小；反之，EA 值越小，杆的变形 Δl 就越大。因此，拉压刚度反映了杆件抵抗变形的能力。

若将式（4-12）改写为：

$$\frac{\Delta l}{l} = \frac{1}{E} \cdot \frac{F_n}{A} = \frac{F_n}{EA} \tag{4-13}$$

并将正应力 $\varepsilon = \frac{\sigma}{E}$ 和线应变 $\varepsilon = \frac{\Delta l}{l}$ 代入，则又表示回胡克定律的关系：

$$\varepsilon = \frac{\sigma}{E}$$

$$\sigma = E\varepsilon \tag{4-14}$$

4.3.4 纵向变形和横向变形的关系

纵向变形和横向变形之间的关系可以通过横向应变系数（横向膨胀系数）来表示。横向应变系数，是指横向相对变形与纵向相对变形之比。它表示了结构物在纵向变形单位长度的基础上相应的横向变形。

需要注意的是，纵向变形和横向变形的关系并不是简单的线性关系，它还受到诸多因素的影响，如结构物的几何形状、材料性质、外部加载方式等。

在弹性变形范围内，横向应变与纵向应变之间确实保持一定的比例关系，这个比例关系可以用横向泊松比来描述。

横向泊松比，通常用符号 μ 表示，是指材料在拉伸或压缩时，纵向应变与横向应变之比的负值。

可以用以下公式表示：

$$\mu = \left| \frac{\varepsilon'}{\varepsilon} \right| \tag{4-15}$$

由于 ε' 与 ε 始终异号，所以：

$$\varepsilon' = -\mu\varepsilon \tag{4-16}$$

μ 为横向变形系数或泊松比，是材料的常数，为一无量纲的量，由实验测定。E 和 μ 都是表征材料弹性的常数，表 4-1 给出了常用几种材料的 E、μ 值。

常用几种材料的 E、μ 值   表 4-1

材料	E/GPa	μ
碳钢	200～220	0.245～0.33
合金钢	190～220	0.24～0.33
灰口铸铁	60～162	0.23～0.27
铜及其合金（黄铜、青铜）	74～130	0.31～0.42
铝合金	71	0.33
混凝土	14.6～36	0.16～0.18
木材（顺纹）	9～12	0.0539
砖砌体	2.7～3.5	0.12～0.2
橡胶	0.0078	0.47

【例 4-4】如图 4-12（a）所示为一等截面圆钢杆，材料的弹性模量 $E=210$GPa，试计算：

1. 每段的伸长。
2. 每段的线应变。
3. 全杆总伸长。

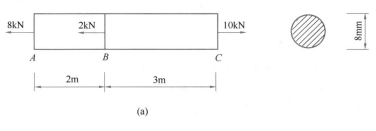

(a)

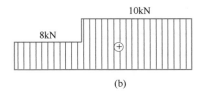

(b)

图 4-12

【解】先计算每段杆件的轴力，并绘制轴力图，如图 4-12（b）所示。由图可知：

$F_{nAB} = 8kN$；

$F_{nBC} = 10kN$。

1. 计算每段伸长

$$\Delta l_{AB} = \frac{F_{nAB}l_{AB}}{EA} = \frac{8 \times 10^3 \times 2}{210 \times 10^9 \times \frac{\pi}{4} \times 8^2 \times 10^{-6}} = 0.00152 = 1.52(mm)；$$

$$\Delta l_{BC} = \frac{F_{nBC}l_{BC}}{EA} = \frac{8 \times 10^3 \times 3}{210 \times 10^9 \times \frac{\pi}{4} \times 8^2 \times 10^{-6}} = 0.00284 = 2.84(mm)。$$

2. 计算每段线应变

$$\varepsilon_{AB} = \frac{\Delta l_{AB}}{l_{AB}} = \frac{0.00152}{2} = 7.6 \times 10^{-4}；$$

$$\varepsilon_{BC} = \frac{\Delta l_{BC}}{l_{BC}} = \frac{0.00284}{3} = 9.47 \times 10^{-4}。$$

3. 计算全杆的总伸长

$$\Delta l_{AC} = \Delta l_{AB} + \Delta l_{BC} = 0.00152 + 0.00284 = 0.00436 = 4.36(mm)。$$

任务强化

1. 如图 1 所示，一根直杆，其横截面面积 $A = 1000mm^2$。材料弹性模量 $E = 2 \times 10^5 MPa$，试求该杆各段的线应变及总变形量。

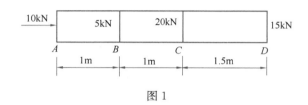

图 1

2. 一阶梯形钢杆承受的载荷如图 2 所示，已知 $F_1=30\text{kN}$，$F_2=10\text{kN}$。钢杆各段长度为 $l_1=10\text{kN}$，$l_2=10\text{kN}$，$l_3=10\text{kN}$。各段横截面的面积 $A_1=500\text{mm}^2$，$A_2=200\text{mm}^2$。已知材料弹性模量 $E=200\text{GPa}$，要求计算杆的轴向变形。

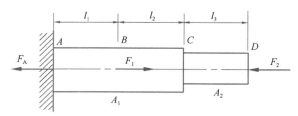

图 2

轴向拉(压)杆的强度计算

任务介绍

1. 介绍轴向拉（压）杆强度条件。
2. 介绍轴向拉（压）杆的强度条件计算。

任务目标

1. 认识轴向拉（压）杆强度条件。
2. 掌握轴向拉（压）杆的强度条件计算。

任务引入

如果杆件在工作过程中受到的应力超过了其许用应力，那么杆件就可能会发生破坏，从而导致设备故障或人员伤亡等严重后果。

任务分析

在设计和使用杆件时，必须充分考虑其轴向拉（压）强度条件。一方面，要根据杆件的工作环境和受力情况，选择合适的材料，并确保其许用应力能够满足工作要求；另一方面，要通过合理的结构设计，提高杆件的承载能力，降低其在工作过程中受到的应力水平。

总之，轴向拉（压）杆强度条件是杆件设计和使用过程中必须遵循的基本原则之一。只有充分理解并应用这一条件，才能确保杆件的安全性和可靠性，从而保障设备的正常运行和人员的生命安全。

相关知识

4.4.1 轴向拉（压）杆强度条件

轴向拉（压）杆的强度条件涉及极限应力、许用应力以及强度计算。下面对每个条件进行说明：

1. 极限应力

极限应力，是指杆件所能承受的最大应力值，超过该极限应力会导致杆件断裂或发生破坏。极限应力通常采用符号 σ_u 表示，压力单位用"兆帕（MPa）"表示。

对于轴向拉压杆，极限应力可以根据材料的屈服强度来估算。当杆件所受拉或压力达到材料的屈服强度时，就达到了极限应力。

对于塑性材料，当构件中的工作应力达到屈服极限 σ_s 时，构件将产生较大的塑性变形，此时构件虽未断裂，但已不能正常工作。因此，对于塑性材料，其极限应力取为屈服极限，即，$\sigma_u = \sigma_s$。

对于脆性材料，取断裂时的强度极限 σ_p 为其极限应力，即 $\sigma_u = \sigma_p$。因此，$\sigma_u = \sigma_s = \sigma_p$。

式中，σ_u——极限应力；

σ_s——屈服极限。

2. 许用应力

许用应力（也称容许应力），是指在正常工作情况下，轴向拉（压）杆所能承受的最大应力值。许用应力通常采用符号 σ 表示，压力单位用"兆帕（MPa）"表示。

$$即\ \sigma = \frac{F_n}{A}$$

许用应力的确定需要考虑多个因素，如设计要求、安全系数、材料的可靠性等。通常，许用应力是材料的屈服强度除以安全系数得出的结果。

（1）对于塑性材料的许用应力：

$$[\sigma] = \frac{\sigma_s}{n_s}\left(\frac{\sigma_{p0.2}}{n_s}\right) \quad (一般\ n_s = 1.4 \sim 1.8) \tag{4-17}$$

（2）对于脆性材料的许用应力：

$$[\sigma] = \frac{\sigma_{bt}}{n_b}\left(\frac{\sigma_{bc}}{n_b}\right) \quad (一般\ n_b = 2.5 \sim 3) \tag{4-18}$$

式中，n_s、n_b——安全因数；

$[\sigma]$——许用应力。

4.4.2 轴向拉（压）杆的强度条件计算

利用强度条件，可以解决三类强度计算：

1. 强度校核

在已知荷载，构件的截面尺寸和材料的情况下，可对构件的强度进行校核：

当 $\sigma_{max} = \dfrac{F_n}{A} \leqslant [\sigma]$ 时，则表示杆件满足强度条件。

当 $\sigma_{max} = \dfrac{F_n}{A} > [\sigma]$ 时，则表示杆件没有满足强度条件，强度不够。

2. 截面设计

在已知荷载和选定制造构件所用材料的情况下，可确定构件所需的横截面积。

$$A \geqslant \frac{F_n}{[\sigma]} \tag{4-19}$$

3. 计算容许荷载

在已知构件的横截面面积及材料的容许应力的情况下，可确定构件能够承受的轴力。

$$N \leqslant [\sigma]A \tag{4-20}$$

求解三类问题的过程如下：

外力→内力（轴力）→应力→强度条件→解决三类问题。

【例 4-5（强度校核）】如图 4-13 所示一实心直杆，B 点截面是 AB 杆件的中点。已知材料的容许拉应力 $[\sigma_t] = 6.5\text{MPa}$，容许压应力 $[\sigma_c] = 10\text{MPa}$。荷载 $F_p = 80\text{kN}$，试对该杆作强度校核。

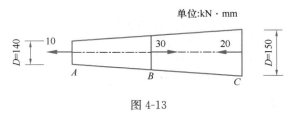

单位:kN·mm

图 4-13

【解】

1. 绘制轴力图

确定 $N_A = 10\text{kN}$；$N_C = -20\text{kN}$。绘制轴力图如图 4-14 所示。

2. 截面特性

$$A_A = \frac{\pi}{4}D_A^2 = \frac{\pi}{4} \times 140^2 \approx 1.54 \times 10^4 \text{mm}^2;$$

$$A_B = \frac{\pi}{4}D_B^2 = \frac{\pi}{4} \times 150^2 \approx 1.77 \times 10^4 \text{mm}^2.$$

3. 危险截面和危险点

A 截面和 B 右邻截面是危险截面；

危险截面上的任一点是危险点。

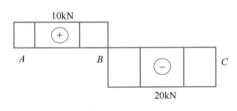

图 4-14

4. 强度校核

$N_A = 10\text{kN}$；$A_A = 1.54 \times 10^4 \text{mm}^2$

$N_{B右} = -20\text{kN}$；$A_B = 1.77 \times 10^4 \text{mm}^2$

$$\sigma_A = \frac{N_A}{A_A} = \frac{10 \times 10^3}{1.54 \times 10^4} \approx 0.65 \text{N/mm}^2，拉应力 < [\sigma_t] = 6.5\text{MPa}。$$

$$\sigma_B = \frac{N_{B右}}{A_B} = \frac{-20 \times 10^3}{1.77 \times 10^4} \approx -1.13 \text{N/mm}^2，压应力 < [\sigma_c] = 10\text{MPa}。$$

因此，可得出结论该杆满足强度条件，结构安全。

【例 4-6（截面设计）】图 4-15 为槽钢截面杆，两端受轴心荷载 $P = 330\text{kN}$，杆上需钻

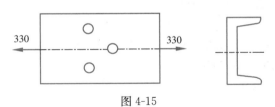

图 4-15

三个直径 $d=20mm$ 的通孔，材料的容许应力 $[\sigma]=170MPa$。试确定所需槽钢的截面积。

【解】

1. 求轴力

$N=330kN$。

2. 确定危险截面和危险点

开两个孔的截面是危险截面；危险截面上任意一点都是危险点。

净面积 $A_n = A - 2 \times \dfrac{\pi}{4} \times d^2 = A - 2 \times \dfrac{\pi}{4} \times 20^2 = A - 628$。

3. 截面面积计算

$$[\sigma] = 170MPa$$

$$A \geqslant \frac{N}{[\sigma]} = \frac{330 \times 10^3}{170} = 1.94 \times 10^3 mm^2$$

$$A \geqslant 2.57 \times 10^3 mm^2$$

经查表，可知 $A = 29.29cm^2$。

【例 4-7（计算容许荷载）】如图 4-16 所示砖柱顶受轴心荷载作用。已知砖柱横截面积 $A = 0.3m^2$，柱高 2m，自重 $q = 20kN/m$，材料容许压应力 $[\sigma_t] = 1.05MPa$，试按强度条件确定柱顶的容许荷载 $[P]$。

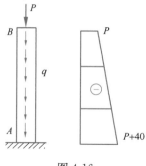

图 4-16

【解】

1. 根据题意

均布荷载作用，斜直线 N_A、N_B：

$N_A = -(P+40)kN$；$N_B = -P$。

2. 危险截面和危险点

A 截面是危险截面；危险截面上任意一点都是危险点。

3. 容许荷载计算

$N_A = -(P+40)kN$；$A = 0.3m^2$；

$[\sigma_t] = 1.05MPa$；

$|N_A| \leqslant [\sigma_t]A = 1.05 \times 0.3 \times 10^6 = 3.15 \times 10^5 N = 315kN$

$N_A = -(P+40)kN \leqslant 315kN$

$P \leqslant 315 - 40 = 275kN$

任务强化

1. 已知一圆杆受拉力 $F=25$kN，直径 $d=14$mm，许用应力 $[\sigma]=170$MPa，试校核此杆是否满足强度要求。

2. 如图 1 所示结构：序号 1 杆为钢杆，$A_1=600$mm^2，$[\sigma_1]=600$mm^2；序号 2 杆为木杆，$A_2=10000$mm^2，$[\sigma_2]=7$MPa。

（1）当 $F=10$kN 时，试校核结构的强度。

（2）求结构的容许荷载 $[P]$。

（3）$[P]$ 作用下，杆 1 的截面积以多大为宜？

3. 如图 2 所示结构：$A_1=1000$mm^2，$[\sigma_1]=160$MPa；2 号杆为木杆，$A_2=20000$mm^2，$[\sigma_2]=7$MPa。求结构的容许荷载 $[P]$。

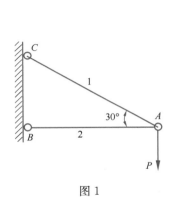

图 1

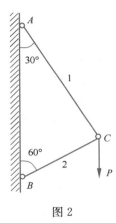

图 2

任务 4.5　压杆的稳定性

任务介绍

1. 介绍压杆失稳的概念。
2. 介绍压杆的临界力和临界应力。
3. 介绍压杆稳定条件和计算。
4. 讨论提高压杆稳定性的方法。

任务目标

1. 掌握失稳的概念。
2. 认识压杆的临界力和临界应力。
3. 掌握压杆稳定条件和计算。
4. 掌握提高压杆稳定性的方法。

任务引入

当起重机超过额定起重重量时，起重机会产生什么后果？此时杆件是否属于失稳（图 4-17）？

图 4-17

任务分析

　　起重机在吊装超过额定起重重量的情况下，可以说是失去稳定性。正常情况下，起重机的设计和额定起重重量是基于其结构和承载能力进行的，以确保起重机在正常使用范围内能够安全运行。

　　正常情况下，起重机的设计和额定起重重量基于其结构和承载能力，以确保安全运行。当超过额定起重重量时，可能发生以下情况：

　　1. 结构变形

　　超载导致主要构件承受更大应力，可能造成结构变形，影响稳定性和强度。

　　2. 机械系统失效

　　起重机的机械系统在超载情况下可能无法提供足够制动力或承受额外负荷，导致系统失效。

　　3. 危险情况

　　超载可能破坏起重机平衡，导致倾覆、翻转、掉落等严重危险情况，威胁工作人员安全。

　　因此，超过起重机额定起重量会导致失稳和安全隐患。为保障操作安全，需遵守额定范围和载荷限制，不得超载。操作前应准确计量负载并根据额定参数规划操作，确保安全可靠。

相关知识

4.5.1　压杆稳定的概念

　　失稳，通常指材料、结构或系统在受力作用下发生的不稳定现象。例如，在结构工程领域，当柱子承受的压力超过其承载能力时，便会发生失稳现象，导致屈曲变形或结构破坏。

　　压杆稳定，是指在受到压缩力作用时，杆件能够保持稳定的状态，不发生失稳或破坏。我们可以通过满足欧拉稳定性条件计算临界压力并考虑安全系数，可以评估和设计出稳定的压杆结构。但在实际工程中，需要根据具体情况进行详细的计算和分析，并参考适用的设计规范以确保压杆的稳定性和安全性。在结构工程中，压杆（也称为柱子或立柱）承受纵向压缩力时，其稳定性是非常重要的。

　　1. 稳定性条件

　　压杆的稳定性符合欧拉稳定性理论。根据此理论，一个长且细的压杆在受到纵向压力时，如果弯曲稳定度不足，会发生弯曲失稳。因此，为了保证压杆的稳定性，需要满足欧拉稳定性条件，即杆件的抗弯刚度必须足够高，以防止弯曲失稳。

　　2. 临界压力

　　压杆的临界压力是指使杆件处于弯曲失稳边缘的压缩力值。当施加的压力超过临界压力时，压杆就会发生弯曲失稳。计算临界压力需要考虑材料的抗弯刚度、截面形状和尺寸等因素。

3. 安全系数

为了确保压杆的安全性，通常会在计算中引入安全系数。安全系数是将压力荷载与杆件的承载能力进行比较的指标。具体的安全系数取值通常根据设计规范和工程要求来确定。

4.5.2 临界力（或临界压力）

同一压杆的平衡是否稳定，取决于压力 F 的大小。

同一压杆的平衡稳定性与所受压力 F 的大小密切相关。当压杆保持稳定平衡时，其所能承受的最大压力，即临界力或临界压力，以符号 F_{cr} 表示。当压杆轴向压力 $F < F_{cr}$ 临界力时，杆件能够保持稳定的平衡，这种情况称为压杆具有稳定性。当压杆轴向压力 $F \geqslant F_{cr}$ 临界力时，杆件不能够保持稳定的平衡，这种情况称为压杆不具有稳定性。因此，分析稳定性问题的关键是求压杆的临界力或临界压力。

不同约束条件下细长压杆临界力计算公式，即欧拉公式表示如下：

$$F_{cr} = \frac{\pi^2 EI}{(\mu l)^2} \tag{4-21}$$

式中，F_{cr}——临界力或临界压力；

μ——长度系数；

l——压杆长度；

μl——折算长度，杆端约束条件不同的压杆计算长度折算成两端铰支压杆的长度。

1. 临界应力和柔度

材料在力的作用下将发生变形。通常把满足胡克定律规定的区域称为弹性变形区；把不满足胡克定律和过程不可逆的区域称为塑性变形区。由弹性变形区进入塑性变形区称之为屈服。其转折点称为屈服点。该点处的应力称为屈服应力或临界应力。

当压杆处于临界平衡状态时（$F = F_{cr}$ 时），其横截面上的正应力称为临界应力。临界应力的大小与压杆的长度、截面的形状和尺寸、两端的支承情况以及材料的性质等多个因素有关。临界应力可用 σ_{cr} 表示。

临界应力可用以下公式计算：

$$\sigma_{cr} = \frac{F_{cr}}{A} = \frac{\pi^2 EI}{(\mu l)^2 A}$$
$$I = i^2 A \text{ 或 } i = \sqrt{\frac{I}{A}} \tag{4-22}$$

式中，σ_{cr}——临界应力；

A——截面面积。

把 $I = i^2 A$ 或 $i = \sqrt{\frac{I}{A}}$ 代入，式（4-22）可写出：

$$\sigma_{cr} = \frac{\pi^2 EI}{(\mu l)^2 A} = \frac{\pi^2 E}{\left(\frac{\mu l}{i}\right)^2} \tag{4-23}$$

式中，i——截面的惯性半径。

将 $\lambda = \dfrac{\mu l}{i}$ 代入，式（4-23）可写出：

$$\sigma_{cr} = \frac{\pi^2 E}{\lambda^2} \tag{4-24}$$

式中，λ——压杆的柔度（或称长细比）。

式（4-24）为欧拉公式的另一种形式，柔度 λ 是一个无量纲的量，其大小与压杆的长度系数和惯性半径相关。长度系数取决于支撑条件，惯性半径取决于截面形状与尺寸。柔度综合反映这些因素对临界力的影响。柔度值越大，临界应力越小，压杆越易失稳。

2. 欧拉公式的适用范围

当临界应力 σ_{cr} 未超过材料比例极限 σ_P 时，根据欧拉公式计算所得的临界力和临界应力更为准确。欧拉公式的适用范围为：

$$\lambda \geqslant \lambda_P$$

把欧拉公式代入临界应力公式，计算公式可简化为：

$$\sigma_{cr} = \frac{\pi^2 E}{\lambda^2} \leqslant \sigma_P \tag{4-25}$$

当 $\sigma_{cr} = \sigma_P$ 时，可写出：

$$\lambda_P = \sqrt{\frac{\pi^2 E}{\sigma_P}} \tag{4-26}$$

欧拉公式的适用范围又可以写为：

$$\lambda \geqslant \lambda_P = \sqrt{\frac{\pi^2 E}{\sigma_P}} \tag{4-27}$$

4.5.3 中长杆的临界应力计算——经验公式

当压杆的柔度 $\lambda < \lambda_P$ 时，称为中长杆或者中度长杆。此时，中长杆的临界应力 $\sigma_{cr} > \sigma_P$，欧拉公式不再适用。工程中对此类压杆一般用经验公式计算临界力（或临界应力）。常用的经验公式有直线公式和抛物线公式（图 4-18）。

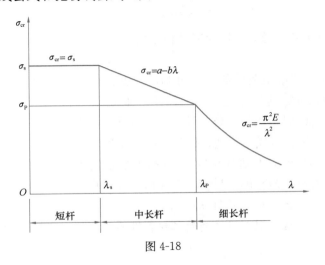

图 4-18

1. 直线公式

临界应力 σ 与柔度 λ 的直线关系，可用公式表示为：

$$\sigma_{cr} = a - b\lambda \qquad (4\text{-}28)$$

式中，a、b——与压杆材料性质有关的系数。例如：Q235钢，$a = 240\text{MPa}$，$b = 1.12\text{MPa}$；

表 4-2 为几种常见材料直线公式 a、b 值和柔度 λ_P、λ_s。

几种常见材料直线公式 a、b 值和柔度 λ_P、λ_s 表 4-2

材料	a/MPa	b/MPa	λ_P	λ_s
Q235钢	304	1.12	100	61.4
优质碳钢 $\sigma_s = 306\text{MPa}$	460	2.57	100	60
碳钢 $\sigma_s = 353\text{MPa}$	577	3.74	100	60
铬钼钢	980	5.3	55	40
硬铝	372	2.14	50	
铸铁	332	1.45	80	
木材	39	0.2	50	

当压杆的柔度 $\lambda \leqslant \lambda_s$ 时，此时的压杆称为短杆，其破坏为强度破坏，临界应力就是屈服强度 σ_s 或者极限强度 σ_b，即 $\sigma_{cr} = \sigma_s = \sigma_b$。

2. 抛物线公式

我国建筑上目前采用《钢结构设计规范》GB 50017—2017 规定的抛物线公式，其表达式为：

$$\sigma_{cr} = \sigma_s \left[1 - \alpha \left(\frac{\lambda}{\lambda_c} \right)^2 \right] \quad \lambda \leqslant \lambda_c$$

$$\lambda_c = \pi \sqrt{\frac{E}{0.57\sigma_s}} \qquad (4\text{-}29)$$

式中，α——有关的常数，不同材料数值不同。

3. 临界应力总图

从图 4-18 欧拉公式适用范围的讨论可知，根据杆件柔度的大小，可以将压杆分为三类，并按其不同方式确定其临界应力：细长杆，即 $\lambda \geqslant \lambda_P$ 时，用欧拉公式计算临界应力；中长杆，即 $\lambda_s \leqslant \lambda < \lambda_P$ 时，用经验公式计算临界应力；短杆，即 $\lambda < \lambda_s$ 时，这类压杆一般不会失稳，而可能发生屈服或是断裂，按强度问题处理。

塑性材料压杆的临界应力随其柔度而变化的情况如图 4-18 所示，此图称为临界应力总图。从图中可以看出，短杆的临界应力与 λ 值无关，而中长杆的临界应力则随 λ 值的增加而减小；中长杆 $\sigma_{cr} > \sigma_P$，而细长杆 $\sigma_{cr} > \sigma_P$。

临界应力的总图通常是根据具体情况和材料性质绘制的，可用于分析和评估不同条件下压杆的稳定性。

在临界应力的总图中，通常会绘制关于压杆长度、截面形状或尺寸、材料性质等参数的曲线或颜色分布。这些曲线或分布代表了不同条件下压杆的临界应力。通过分析总图，可以确定压杆的安全工作范围，避免屈曲或失稳。

4.5.4　压杆稳定的条件与计算

1. 压杆稳定的条件

在建筑工程中，压杆稳定需要满足以下条件：

（1）压杆的几何形状和尺寸：压杆的截面形状和尺寸应合理选择，以提供足够的抗弯刚度和抗屈曲能力。常见的压杆形状包括矩形、圆形、H形、I形等。截面的高宽比和厚度也需要符合规范要求。

（2）材料的强度和刚度：所使用的材料需要具有足够的强度和刚度，以承受外部压力和保持稳定。常见的材料包括钢材、混凝土、木材等。对于钢材，需要考虑其弹性模量和屈服强度等参数。

（3）支撑和固定条件：压杆需要适当的支撑和固定条件，以防止其在受力时发生侧向偏移或扭转。支撑方式可以是悬臂支撑、固定端支撑或边缘约束等。支撑点的位置和类型需要合理选择，并确保支撑的稳定性。

（4）受力方向和加载方式：压杆应尽量竖直或近竖直受力，以避免偏斜和附加弯矩产生。加载方式应符合设计要求，并避免集中荷载或非均匀荷载引起的局部失稳。

（5）结构的整体稳定性：压杆所在的整体结构需要具有足够的稳定性，包括支撑结构、连梁、连墙等。存在其他荷载和力的情况下，整个结构也需要能够保持稳定。

2. 压杆稳定的计算

压杆的稳定计算与强度计算相似，在实际工程中也可以解决稳定校核、确定许用荷载和截面设计三个方面的问题。

压杆的稳定计算通常采用安全系数法和折减系数法。稳定校核、确定许用荷载用安全系数法比较方便，截面设计用折减系数法比较方便。

（1）安全系数法

当压杆中的应力达到（或超过）其临界应力时，压杆会丧失稳定。要求横截面上的应力不能超过压杆的临界应力的许用值 σ_{cr}，即：

$$\sigma = \frac{F_N}{A} \leqslant [\sigma_{cr}] = \frac{\sigma_{cr}}{n_{st}} \tag{4-30}$$

式中：σ——压杆实际工作应力；

σ_{cr}——压杆临界应力；

F_N——压杆临界荷载；

n_{st}——稳定安全系数。

（2）折减系数法

为了计算方便，稳定的许用应力也常常写为：

$$[\sigma_{cr}] = \frac{\sigma_{cr}}{n_{st}} = \varphi[\sigma] \tag{4-31}$$

式中，φ——折减系数（小于 1 的系数，也称为稳定因数）。

注：折减系数 φ 是柔度 λ 的函数，Q235 号钢 b 类截面中心受压直杆的稳定系数 φ 见表 4-3。

Q235 号钢 b 类截面中心受压直杆的稳定系数 φ　　　　表 4-3

λ	0	1	2	3	4	5	6	7	8	9
0	1.000	1.000	1.000	0.999	0.999	0.998	0.997	0.996	0.995	0.994
10	0.992	0.991	0.989	0.987	0.985	0.983	0.981	0.978	0.976	0.973
20	0.970	0.967	0.963	0.960	0.957	0.953	0.950	0.946	0.943	0.939
30	0.936	0.932	0.929	0.925	0.922	0.918	0.914	0.910	0.906	0.903
40	0.899	0.895	0.891	0.887	0.882	0.878	0.874	0.870	0.865	0.861
50	0.856	0.852	0.847	0.842	0.838	0.833	0.828	0.823	0.818	0.813
60	0.807	0.802	0.797	0.791	0.786	0.780	0.774	0.769	0.763	0.757
70	0.751	0.745	0.739	0.732	0.726	0.720	0.714	0.707	0.701	0.694
80	0.688	0.681	0.675	0.668	0.661	0.655	0.648	0.641	0.635	0.628
90	0.621	0.614	0.608	0.601	0.594	0.588	0.581	0.575	0.568	0.561
100	0.555	0.549	0.542	0.536	0.529	0.523	0.517	0.511	0.505	0.499
110	0.493	0.487	0.481	0.475	0.470	9.464	0.458	0.453	0.447	0.442
120	0.437	0.432	0.426	0.421	0.416	0.411	0.406	0.402	0.397	0.392
130	0.387	0.383	0.378	0.374	0.370	0.365	0.361	0.357	0.353	0.349
140	0.345	0.341	0.337	0.333	0.329	0.326	0.322	0.318	0.315	0.311
150	0.308	0.304	0.301	0.298	0.295	0.291	0.288	0.285	0.282	0.279
160	0.276	0.273	0.270	0.267	0.265	0.262	0.259	0.256	0.254	0.251
170	0.249	0.246	0.244	0.241	0.239	0.236	0.234	0.232	0.229	0.227
180	0.225	0.223	0.220	0.218	0.216	0.214	0.212	0.210	0.208	0.206
190	0.204	0.202	0.200	0.198	0.197	0.195	0.193	0.191	0.190	0.188
200	0.186	0.184	0.183	0.181	0.180	0.178	0.176	0.175	0.173	0.172
210	0.170	0.169	0.167	0.166	0.165	0.163	0.162	0.160	0.159	0.158
220	0.156	0.155	0.154	0.153	0.151	0.150	0.149	0.148	0.146	0.145
230	0.144	0.143	0.142	0.141	0.140	0.138	0.137	0.136	0.135	0.134
240	0.133	0.132	0.131	0.130	0.129	0.128	0.127	0.126	0.125	0.124
250	0.123	—	—	—	—	—	—	—	—	—

根据上述所提到压杆稳定的条件，我们可以总结出满足的稳定性条件实用计算：

$$\sigma = \frac{F_N}{A} \leqslant \varphi[\sigma] \text{ 或 } \sigma = \frac{F}{A\varphi} \leqslant [\sigma] \tag{4-32}$$

稳定条件可以进行三个方面的问题计算：

1）稳定校核。

2）计算稳定时的许用荷载。

3）进行截面设计（一般采用试算法）。

【例 4-8】 如图 4-19 所示的角钢支架，BD 杆为正方形截面的圆杆，其长度 $L=2$m，截面边长 $a=0.1$m，木材的许用应力 $[\sigma]=10$MPa，试从满足 BD 杆的稳定条件考虑，计算该支架能承受的最大荷载 F_{max}。

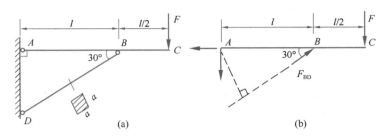

图 4-19

【解】

1. 计算 BD 圆杆的柔度：

$$L_{BD}=\frac{L}{\cos30°}=\frac{2}{\frac{\sqrt{3}}{2}}=2.31(\text{m})；$$

$$\lambda_{BD}=\frac{\mu L_{BD}}{\sqrt{\frac{I}{A}}}=\frac{\mu L_{BD}}{a\sqrt{\frac{1}{12}}}=\frac{1\times2.31}{0.1\times\sqrt{\frac{1}{12}}}=80。$$

2. 计算 BD 杆能承受的最大荷载：

根据柔度查表，φ_{BD} 为 0.470，则 BD 圆杆能够承受的最大荷载为：

$$F_{BDmax}=A\varphi[\sigma]=0.1^2\times0.470\times10\times10^6=47\times10^3(\text{N})。$$

3. 根据外力 F 与 BD 圆杆所承受压力之间的关系，可求出支架能承受的最大荷载 F_{max}。

$$\Sigma M_A=0；$$

$$F_{BD}\times\frac{L}{2}-F\times\frac{3}{2}L=0；$$

$$F=\frac{1}{3}F_{BD}。$$

该支架能够承受的最大荷载：

$$F_{max}=\frac{1}{3}F_{BDmax}=\frac{1}{3}\times47\times10^3=15.7\text{kN}$$

4.5.5 提高稳定的措施

通过前面的学习，我们可以总结出：合理选择材料、采用合理的截面形状、改善支撑情况以及减小压杆长度等措施，可以有效提高压杆的稳定性。

1. 合理选择材料

临界力与压杆材料的弹性模量成正比。弹性模量高的材料制成的压杆，其稳定性好。

合金钢等优质钢材虽然强度指标比普通低碳钢高，但其弹性模量与低碳钢相差无几。所以，大柔度杆选用优质钢材对提高压杆的稳定性作用不大。而对中小柔度杆，其临界力与材料的强度指标有关，强度高的材料，其临界力也大，所以，选择高强度材料对提高中小柔度杆的稳定性有一定作用。在满足其他条件的情况下，尽量选择高弹性模量的材料。

2. 采用合理的截面形状

压杆的临界力与其横截面的惯性矩成正比。因此，应该选择截面惯性矩较大的截面形状。并且，当杆端各方向的约束相同时，应尽可能使杆截面在各方向的惯性矩相等。如图 4-20 所示的两种压杆截面，在面积相同的情况下，图 4-20（b）所示的截面比图 4-20（a）所示的截面合理，因为图 4-20（b）所示的截面惯性矩较大。由槽钢制成的压杆，有两种摆放形式，如图 4-21 所示，图 4-21（b）所示的截面比图 4-21（a）所示的截面合理，因为 4-21（a）所示的截面在两个对称轴方向上的惯性矩相差太大，降低了临界力。

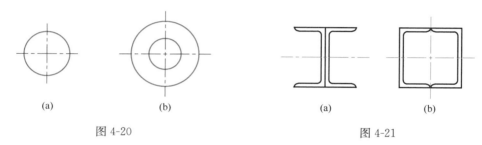

图 4-20	图 4-21

3. 改善支撑情况

改善压杆两端的支承条件，使其越牢固，压杆的柔度就越小，临界力就越大，从而提高压杆的稳定性。

实验表明，长度因素 μ 反映了压杆的支承情况，μ 值越小，柔度 λ 越小，临界力就越大，从而提高压杆的稳定性。例如图 4-22 所示的细长压杆，将两端铰支约束的细长杆［图 4-22（a）］变成两端固定约束的情形［图 4-22（b）］，其 μ 值由 1 减小为 0.5，相应的临界压力提高为原来的 4 倍。

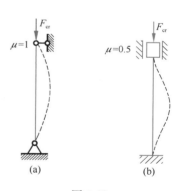

图 4-22

4. 减小压杆长度

实验表明，轴向压杆临界力的大小与杆长平方成反比，因此减小压杆的长度可以提高其临界力，即提高抵抗失稳的能力。在必要时，还可以在细长杆中间加支撑。

任务强化

一、填空题

1. λ 表示_____。

2. 根据欧拉公式适用范围的讨论可知，根据杆件柔度的大小，可以将压杆分为____类，并按其不同方式确定其临界应力：

（1）细长杆柔度满足_____时，可以用欧拉公式计算临界应力。

（2）中长杆柔度满足_____时，可以用经验公式计算临界应力。

（3）粗短杆柔度满足_____时，这类压杆一般不会失稳，但可能发生屈服或是断裂，按强度问题处理。

3. 提高压杆稳定性的主要措施有_____、_____、_____、_____。

4. 压杆的稳定性计算，通常采用两种方法，即_____、_____。

5. 欧拉公式的表达式：_____或_____。

二、简答题

1. 什么是压杆稳定？

2. 简述压杆稳定性条件？

3. 简述欧拉公式适用范围？

三、计算题

1. 如图 1 所示的结构中，梁 AB 为普通热轧工字钢，CD 为圆截面直杆，其直径为 $d=20\text{mm}$，二者材料均为 Q235 钢。结构受力如图 1 所示，A、C、D 三处均为球铰约束。已知 $F_P=25\text{kN}$，$l_1=1.25\text{m}$，$l_2=0.55\text{m}$，$\sigma_s=235\text{MPa}$。强度安全因数 $n_s=1.45$，稳定安全因数 $n_{st}=1.8$。试校核此结构是否安全。

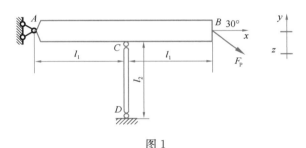

图 1

2. 如图 2 所示一细长的实矩形钢管，已知材料的弹性模量 $E=200\text{GPa}$，$l=3\text{m}$，$b=40\text{mm}$，$h=90\text{mm}$。试计算此压杆的临界压力（压杆满足欧拉公式计算条件）。

3. 如图 3 所示一矩形截面木压杆，已知 $l=40\text{m}$，$b=100\text{mm}$，$h=150\text{mm}$，材料的弹性模量 $E=20\text{GPa}$。试求此压杆的临界力。

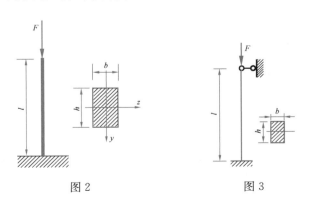

图 2　　　　　　　图 3

4. 如图 4 所示，CD 杆为 Q235 钢管，许用应力 $[\sigma] = 170\text{MPa}$，钢管内直径 $d = 26\text{mm}$，外直径 $D = 36\text{mm}$。试对其进行稳定性校核。

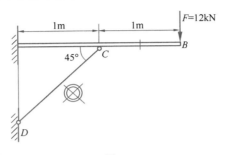

图 4

项目 4 考核

一、选择题

1. 下列说法中错误的有（　　）。

A. 压杆从稳定平衡过渡到不稳定平衡时轴向压力的临界值，称为临界力或临界荷载

B. 压杆处于临界平衡状态时横截面上的平均应力称为临界应力

C. 分析压杆稳定性问题的关键是求杆的临界力或临界应力

D. 压杆两端的支撑越牢固，压杆的长度系数越大

2. 下列说法中错误的有（　　）。

A. 工程上的压杆由于构造或其他原因，有时截面会受到局部削弱，如杆中有小孔或槽等，当这种削弱不严重时，对压杆整体稳定性的影响很小，在稳定计算中可不予考虑。但对这些削弱了的局部截面，应做强度校核

B. 对有局部截面被削弱（如开有小孔或孔槽等）的压杆，在校核稳定性时，应按局部被削弱的横截面净尺寸计算惯性矩和截面面积（或截面惯性半径）

C. 对有局部截面被削弱（如开有小孔或孔槽等）的压杆，在校核被削弱的局部截面的强度时，应按局部被削弱的横截面净面积计算

D. 压杆稳定计算通常有两种方法：安全系数法或折减系数法

3. 下列说法中错误的有（　　）。

A. 临界力越小，压杆的稳定性越好，即越不容易失稳

B. 截面对其弯曲中性轴的惯性半径，是一个仅与横截面的形状和尺寸有关的几何量

C. 压杆的柔度 λ 综合反映了压杆的几何尺寸和杆端约束对压杆临界应力的影响

D. 压杆的柔度 λ 越大，则杆越细长，杆也就越容易发生失稳破坏

4. 下列说法中错误的有（　　）。

A. 对细长压杆，选用弹性模量 E 值较大的材料可以提高压杆的稳定性

B. 用优质钢材代替普通钢材，对细长压杆稳定性并无多大区别

C. 用优质钢材代替普通钢材，对各类压杆稳定性并无多大区别

D. 对中长杆，采用高强度材料，会提高稳定性

二、填空题

1. 压杆处于临界状态时所承受的轴向压力为_____。

2. 欧拉公式中的 λ 称为压杆的_____。

3. 工程中把 $\lambda \geqslant \lambda_P$ 的压杆称为_____。

4. 工程中把 $\lambda < \lambda_P$ 的压杆称为_____。

三、判断题

1. 柔度 λ 越大，压杆的稳定性越好。（　　）

2. 柔度 λ 越大，压杆的稳定性越差。（　　）

3. 改善支承情况，加强杆端约束，可以提高压杆的稳定性。（　　）

四、计算题

1. 如图 1 所示变截面柱子，力 $F = 100\text{kN}$，柱段 I 的截面积 $A_1 = 240\text{mm} \times 240\text{mm}$，

柱段 Ⅱ 的截面积 $A_2 = 240\text{mm} \times 370\text{mm}$，容许应力 $[\sigma] = 4\text{MPa}$，试校核该柱子的强度。

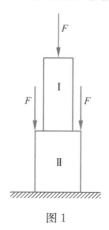

图 1

2. 如图 2 所示简支梁受均布荷载 $q = 2\text{kN/m}$ 的作用，梁的跨度 $l = 3\text{m}$，梁的容许拉应力 $[\sigma]^+ = 7\text{MPa}$，容许压应力 $[\sigma]^- = 30\text{MPa}$。试校核该梁的正应力强度。

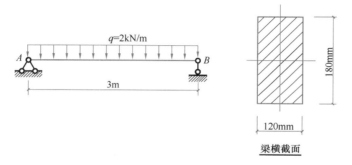

图 2

3. 如图 3 所示轴向拉（压）杆，AB 段横截面面积 $A_2 = 800\text{mm}^2$，BC 段横截面面积 $A_1 = 600\text{mm}^2$。试求各段的工作应力。

4. 如图 4 所示三角形托架，AC 杆为圆截面杆，直径 $d = 20\text{mm}$，BD 杆为刚性杆，D 端受力为 15kN。试求 AC 杆的正应力。

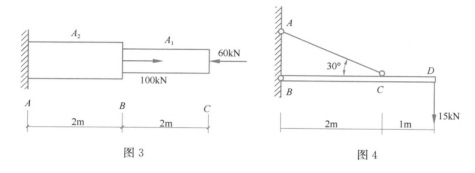

图 3   图 4

平面弯曲梁的内力计算

1. 了解平面弯曲的概念。
2. 掌握梁上指定平面的内力计算。
3. 了解应用内力方程绘制弯矩图和剪力图的方法。
4. 深刻理解梁上弯矩图和剪力图的变化规律。
5. 熟练掌握控制截面法绘制梁的弯矩图和剪力图的操作要点。

1. 能描述实际工程中的弯矩变化问题。
2. 能熟练地运用计算规律求出梁任意横截面上的剪力和弯矩。
3. 能够分段建立剪力方程和弯矩方程并绘制梁的内力图。
4. 能利用内力图的规律和特征，快速绘制梁的内力图。

项目概要

　　在外荷载作用下产生以弯曲变形为主要变形的非竖直杆件称为梁。本项目将主要介绍平面弯曲变形的概念、梁上指定截面的内力计算、绘制梁内力图的方法等内容。通过本项目的学习，使学生掌握梁内力的正负号规定、梁横截面上内力的计算方法、梁上内力变化的规律、绘制梁弯矩图的三种方法等知识。

任务 5.1 平面弯曲梁的内力

任务介绍

受弯构件
内力计算

1. 介绍平面弯曲梁的概念。
2. 介绍梁发生弯曲变形时截面上的内力。
3. 介绍梁上指定截面内力计算。

任务目标

1. 了解平面弯曲梁的概念。
2. 掌握梁弯曲变形时任意横截面内力的计算。
3. 了解梁任意横截面内力计算的规律。

任务引入

工程项目楼面梁在楼板及其外力作用下发生弯曲变形，请判断图 5-1 中的楼面梁是否安全。

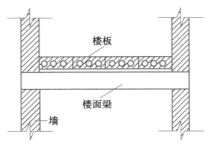

图 5-1

任务分析

按照结构计算简图的简化原则及简化内容要求，画出如图 5-2 所示的结构计算简图，我们通过静力平衡方程可以计算出其支座反力，可以发现这时仍然不能判别梁是否安全。要想判断出该梁是否安全，还需要做更多工作，其中最关键、最重要的一项工作就是确定梁上最大内力的数值及

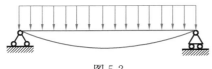

图 5-2

其所在的截面位置。本任务的主要内容就是计算梁上指定截面的内力，为今后确定内力的数值和位置作铺垫。

 相关知识

5.1.1　梁的弯曲

1. 弯曲变形的概念

以轴线变弯为主要特征的变形形式称为弯曲变形或简称弯曲。以弯曲为主要变形的杆件称为梁（图5-3）。

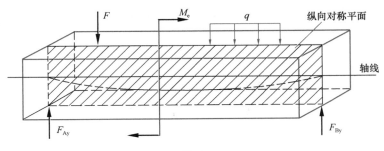

图 5-3

2. 平面弯曲的概念

梁弯曲变形后的轴线与载荷作用面共面的平面曲线，称为平面弯曲（图5-4）。

平面弯曲的特例：当梁具有纵向对称面，且载荷作用在纵向对称面内时，必为对称弯曲。

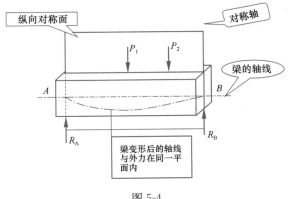

图 5-4

3. 梁的计算简图

梁的支承条件与载荷情况一般都比较复杂，为了便于分析计算，应进行必要的简化，抽象出计算简图。

（1）构件本身的简化

通常取梁的轴线来代替梁。

（2）载荷简化

作用于梁上的载荷（包括支座反力）可简化为三种类型：集中力、集中力偶和分布载荷。

（3）支座简化

1）固定铰支座

2个约束，1个自由度（图5-5）。如桥梁下的固定支座，止推滚珠轴承等。

2）可动铰支座

1个约束，2个自由度（图5-6）。如桥梁下的辊轴支座，滚珠轴承等。

3）固定端

3个约束，0个自由度（图5-7）。如游泳池的跳水板支座，木桩下端的支座等。

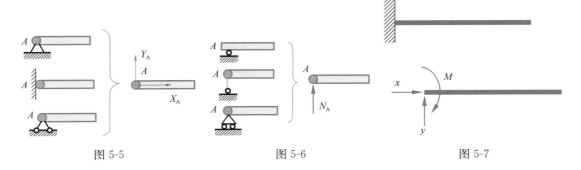

图 5-5   图 5-6   图 5-7

4. 静定梁的分类情况

梁的约束反力能用静力平衡条件完全确定的梁，称为静定梁。根据约束情况的不同，单跨静定梁可分为以下三种常见形式：

（1）简支梁。梁的一端为固定铰支座，另一端为可动铰支座，如图5-8（a）所示。

（2）悬臂梁。梁的一端固定，另一端自由，如图5-8（b）所示。

（3）外伸梁。简支梁的一端或两端伸出支座之外，如图5-8（c）所示。

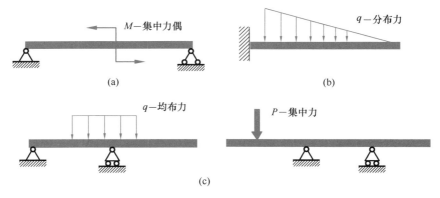

图 5-8

5.1.2　平面弯曲梁的内力

1. 剪力和弯矩

梁在外力作用下，用于计算任一横截面上的内力的基本方法称为截面法。

现分析简支梁距 A 端为 x 处横截面 m-m 上的内力。如果取左段为研究对象，则右段梁对左段梁的作用以截开面上的内力来代替。存在两个内力分量：内力 Q 与截面相切，称为剪力，内力偶矩 M 称为弯矩（图 5-9）。

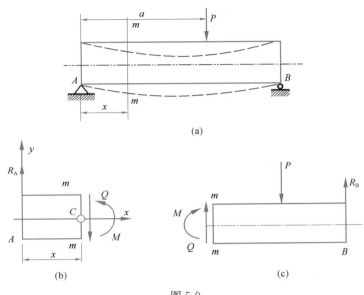

图 5-9

（1）剪力（Q）

构件受弯时，横截面上其作用线平行于截面的内力。

（2）弯矩（M）

构件受弯时，横截面上其作用面垂直于截面的内力偶矩。

（3）内力的正负号规定

1）剪力：绕研究对象顺时针转为正剪力；反之为负（图 5-10）。

图 5-10

2）弯矩：使梁变成凹形的为正弯矩；使梁变成凸形的为负弯矩（图 5-11）。

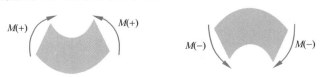

图 5-11

2. 计算指定截面上的剪力和弯矩

截面法：

用截面法计算梁上指定截面内力的步骤：

1）计算支座反力。

2）用假想截面将梁从需求内力的截面截开。

3）取截面的任一侧为隔离体，画出受力图。

4）列平衡方程计算出截面的内力。

【例 5-1】 梁的计算简图如图 5-12 所示，已知 $P_1 = P_2 = P = 60\text{kN}$，$a = 230\text{mm}$，$b = 100\text{mm}$ 和 $c = 1000\text{mm}$。求 C、D 点处横截面上的剪力和弯矩。

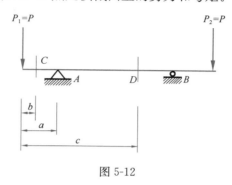

图 5-12

【解】

1. 求支座反力

$$R_A = R_B = P = 60(\text{kN})。$$

2. 计算 C 横截面上的剪力 Q_C 和弯矩 M_C

取 C 截面左侧部分为研究对象，画出其受力简图，列静力平衡方程，得：

$Q_C = -P = -60(\text{kN})。$

$M_C = -P_b = -6.0(\text{kN} \cdot \text{m})。$

3. 计算 D 横截面上的剪力 Q_D 和弯矩 M_D

取 D 截面左侧部分为研究对象，画出其受力简图，列静力平衡方程，得：

$$Q_D = R_A - P_1 = 60 - 60 = 0；$$

$$M_D = R_A \cdot (c - a) - P_1 \cdot c = -P \cdot a = -13.8\text{kN} \cdot \text{m}。$$

【例 5-2】 求如图 5-13 所示梁中指定截面上的剪力和弯矩。

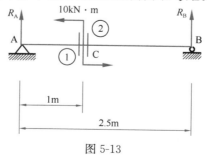

图 5-13

1. 求支座反力

$$R_A = 4kN;$$
$$R_B = -4kN。$$

2. 计算①横截面上的剪力 Q_1 和弯矩 M_1，取①截面左侧部分为研究对象，画出其受力简图，列静力平衡方程：

$$Q_1 = R_A = 4(kN)；$$
$$M_1 = R_A \times 1 = 4(kN \cdot m)$$

3. 计算②横截面上的剪力 Q_2 和弯矩 M_2，取②截面右侧部分为研究对象，画出其受力简图，列静力平衡方程：$Q_2 = -R_B = -(-4) = 4(kN)；$

$$M_2 = R_B \times (2.5 - 1) = (-4) \times 1.5 = -6(kN \cdot m)$$

任务强化

一、填空题

1. 以轴线变弯为主要特征的变形形式称为_____。

2. 当梁具有纵向对称面，且载荷作用在纵向对称面内时，为_____。

3. 工程中通过对_____后，将梁分为三种类型，分别是_____、_____和_____。

4. 车床上的三爪盘将工件夹紧之后，工件夹紧部分对卡盘既不能有相对移动，也不能有相对转动，这种形式的支座可简化为_____支座。

5. 梁弯曲时，其横截面上的剪力作用线必然_____于横截面。

6. 用截面法确定梁横截面上的剪力时，若截面右侧的外力合力向上，则剪力为____。

7. 矩形截面梁弯曲时，其横截面上的剪力作用线与外力平行并通过截面_____。

8. 以梁横截面右侧的外力计算弯矩时，规定外力矩是顺时针转向时弯矩的符号为_____。

二、计算题

计算图 1 中梁中间截面处的内力。

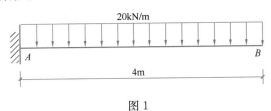

图 1

任务 5.2　平面弯曲梁的内力图

任务介绍

1. 介绍剪力图、弯矩图的概念。
2. 介绍绘制平面弯曲梁内力图的方法。

任务目标

1. 了解剪力图、弯矩图的概念。
2. 理解用内力方程法绘制梁的内力图。
3. 熟悉掌握使用截面法绘制剪力图和弯矩图。

任务引入

在建筑工程事故中，关于阳台掉落的工程事件时有发生，为什么阳台与墙体连接的地方容易出现裂缝？

任务分析

前面我们学过结构的计算简图，知道支承阳台的挑梁的结构计算简图是悬臂梁，通过计算任意截面上的内力，知道固定端截面的内力最大，因此裂缝在这个地方容易出现（图 5-14）。学习本任务之后，我们可以很清楚地看到，悬臂梁固定端内力最大。

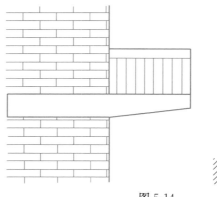

图 5-14

相关知识

5.2.1 剪力图和弯矩图

为了形象地表明各截面上剪力和弯矩沿梁轴线的变化情况，通常将剪力和弯矩在全梁范围内变化的规律用图形来表示，这种图形称为剪力图和弯矩图。

在土建工程中，对于水平梁而言：

剪力图为正值画在 x 轴上侧，负值画在 x 轴下侧；

弯矩图为正值画在 x 轴下侧，负值画在 x 轴上侧。

5.2.2 用内力方程绘制内力图

1. 内力方程

内力与截面位置坐标（x）间的函数关系式。

（1）剪力方程：$Q = Q(x)$。

（2）弯矩方程：$M = M(x)$。

2. 剪力图和弯矩图

（1）剪力图：$Q = Q(x)$ 的图线表示。

（2）弯矩图：$M = M(x)$ 的图线表示。

3. 绘图步骤

（1）求出梁的支座约束力。

（2）列出（或分段列出）剪力方程和弯矩方程。

（3）求出各段控制截面（包括梁的端点、段点、剪力为零的点及极值点）上的剪力值和弯矩值。

（4）用与梁轴平行的直线为基线，取控制截面的剪力、弯矩值为竖标，根据剪力、弯矩方程表示的曲线性质，按一定比例绘出剪力图、弯矩图，并在图中注明各控制面相应的剪力、弯矩的数值。

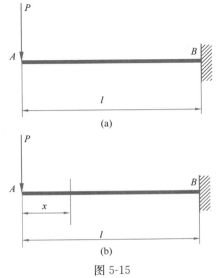

【例 5-3】如图 5-15（a）所示的悬臂梁在自由端受集中荷载 P 作用，试作此梁的剪力图和弯矩图。

【解】

1. 列剪力方程和弯矩方程

将坐标原点假定在左端点 A 处，并取距 A 端为 x 的截面左侧研究 ［图 5-15（b）］。

剪力方程式：$Q(x) = -P(0 < x < l)$。

弯矩方程式：$M(x) = -P \cdot x (0 \leqslant x \leqslant l)$。

图 5-15

2. 作剪力图和弯矩图

剪力方程为 x 的常函数，所以无论 x 取何值，剪力恒等于 $-P$，剪力图为与 x 轴平行的直线，而且在 x 轴的下侧 [图 5-16（a）]。

弯矩方程为 x 的一次函数，所以弯矩图为一条斜直线。由于无论 x 取何值，弯矩均为负值，梁上侧受拉，所以弯矩图应作在 x 轴的上侧 [图 5-16（b）]。

【例 5-4】 如图 5-17 所示简支梁在 C 点处受集中荷载 P 作用。试作此梁的剪力图和弯矩图。

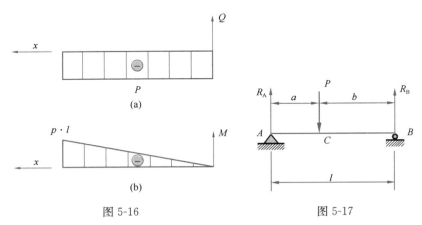

图 5-16　　　　　　　　　　图 5-17

【解】

1. 求支座反力

取整体梁为研究对象，列平衡方程：

$$R_A = Pb/l;$$
$$R_B = Pa/l。$$

2. 列剪力方程和弯矩方程

AC 段：

$$Q(x) = Pb/l(0 < x < a);$$
$$M(x) = Pb \cdot x/l(0 \leqslant x \leqslant a)。$$

CB 段：

$$Q(x) = Pb/l - P = -P(l-b)/l = -Pa/l(a < x < l);$$
$$M(x) = Pb \cdot x/l - P(x-a) = Pa(l-x)/l(a \leqslant x \leqslant l)。$$

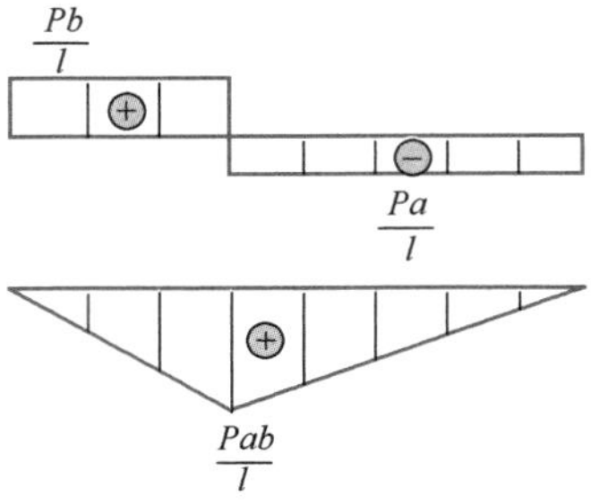

3. 作剪力图和弯矩图（图 5-18）

剪力图：不论 AC 段还是 CB 段剪力方程均是 x 的常函数，所以 AC 段、CB 段的剪力图都是与 x 轴平行的直线，每段上只需要计算一个控制截面的剪力值。

AC 段：剪力值为 Pb/l，图形在 x 轴的上方。

CB 段：剪力值为 $-Pa/l$，图形在 x 轴的下方。

弯矩图：不论 AC 段的弯矩方程还是 CB 段的弯矩方程均是 x 的一次函数，所以 AC 段、CB 段的弯矩图都是一条斜直线，每段上分别需要计算两个控制截面的弯矩值。

图 5-18

AC 段：当 $x=0$ 时，$M_A=0$；当 $x=a$ 时，$M_C=Pab/l$。

CB 段：当 $x=a$ 时，$M_C=Pab/l$；当 $x=l$ 时，$M_B=0$。

【例 5-5】如图 5-19 所示的简支梁，在全梁上受集度为 q 的均布荷载作用，试作此梁的剪力图和弯矩图。

【解】

1. 求支座反力

取整体梁为研究对象，列平衡方程：

$$R_A = R_B = ql/2。$$

2. 列剪力方程和弯矩方程

$$Q(x) = R_A - qx = ql/2 - qx \, (0 < x < l);$$

$$M(x) = R_A \cdot x - qx^2/2 = qlx/2 - qx^2/2 \, (0 \leqslant x \leqslant l)。$$

3. 作剪力图和弯矩图（图 5-20）

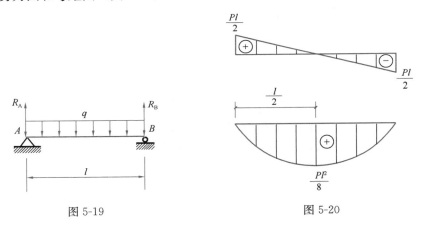

图 5-19　　　　　　　图 5-20

剪力方程为 x 的一次函数，其剪力图为一条斜直线。因此，只需确定两个截面的剪力值：

当 $x=0$ 时，$Q_A = ql/2$；

当 $x=l$ 时，$Q_B = -ql/2$。

弯矩方程为 x 的二次函数，弯矩图为下凸的二次抛物线。因此，至少需确定三个截面的弯矩值：

当 $x=0$ 时，$M_A = 0$。

当 $x = l/2$ 时，$M跨中 = ql^2/8$。

当 $x=l$ 时，$M_B = 0$。

【例 5-6】如图 5-21 所示简支梁在 C 点处受矩为 m 的集中力偶作用。试作此梁的剪力图和弯矩图。

【解】

1. 求支座反力

取整体梁为研究对象，列平衡方程：

$$R_A = m/l;$$
$$R_B = -m/l;$$

2. 列剪力方程和弯矩方程：

$$Q(x) = m/l(0 < x < l)。$$

AC 段弯矩方程：

$$M(x) = mx/l \ (0 \leqslant x < a)。$$

CB 段弯矩方程：

$$M(x) = mx/l - m = -m(l-x)/l \ (a \leqslant x \leqslant l)。$$

3. 作剪力图和弯矩图（图 5-22）

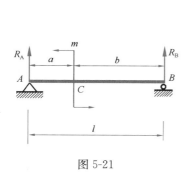

图 5-21

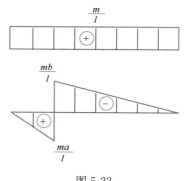

图 5-22

剪力方程为常数，剪力值为 m/l，剪力图是一条在 x 轴上方，平行于 x 轴的水平线。

弯矩方程为 x 的一次函数，所以弯矩图是一条斜直线，AC 段和 CB 段函数不一样，需要计算四个控制面的弯矩值：

当 $x=0$ 时，$M_A = 0$；

当 $x=a$ 时，M_C 左 $= ma/l$；

当 $x=a$ 时，M_C 右 $= -mb/l$；

当 $x=l$ 时，$M_B = 0$。

5.2.3 作剪力图和弯矩图的几条规律

1. 取梁的左端点为坐标原点，x 轴向右为正；剪力图、弯矩图均为向上为正。

2. 以集中力、集中力偶作用处，分布荷载开始或结束处以及支座截面处为界点将梁分段。分段写出剪力方程和弯矩方程，然后绘出剪力图和弯矩图。

3. 梁上集中力作用处左、右两侧横截面上的剪力值（图）有突变，其突变值等于集中力的数值。在此处弯矩图则形成一个尖角。

4. 梁上集中力偶作用处左、右两侧横截面上的弯矩值（图）也有突变，其突变值等于集中力偶矩的数值。但在此处剪力图没有变化。

5. 梁上的最大剪力发生在全梁或各梁段的边界截面处，梁上的最大弯矩发生在全梁或各梁段的边界截面或 $Q=0$ 的截面处。

任务强化

一、填空题

1. 平面弯曲梁内力图包括剪力图和_____ 。

2. 当梁只受集中力的时候，各段剪力为常数，但在集中力处产生突变，突变值为_____ ，各段弯矩为_____ 函数。

3. 剪力图和弯矩图是通过_____ 和_____ 的函数图像表示的。

4. 梁上某横截面弯矩的正负，可根据该截面附近的变形情况来确定，若梁在该截面附近弯成上_____ 下_____ ，则弯矩为正，反之为负。

5. 设载荷集度 $q(x)$ 为截面位置 x 的连续函数，则 $q(x)$ 是弯矩 $M(x)$ 的_____ 阶导函数。

6. 梁的弯矩图为二次抛物线时，若分布载荷方向向上，则弯矩图为向_____ 凸的抛物线。

7. 在梁的某一段内，若无分布载荷 $q(x)$ 的作用，则剪力图是_____ 于 x 轴的直线。

8. 将一悬臂梁的自重简化为均布载荷，设其载荷集度为 q，梁长为 L，由此可知在距固定端 $L/2$ 处的横截面上的剪力为_____ ，固定端处横截面上的弯矩为_____ 。

二、绘图题

利用截面法绘制图 1 的弯矩与剪力图。

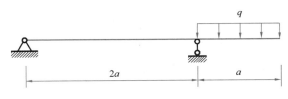

图 1

项目 5 考核 🔍

一、填空题

1. 以弯曲变形为主要变形的杆件称为_____ 。

2. 梁的内力正负号规定：剪力使梁_____为正，反之为负；弯矩使梁_____ 为正，反之为负。

3. 梁上作用有均布荷载时，剪力图是一条_____线，弯矩图是一条_____线。

4. 在集中荷载作用处，剪力图发生_____，弯矩图发生_____。

5. 如图 1 所示，火车轮轴产生的是_____变形。

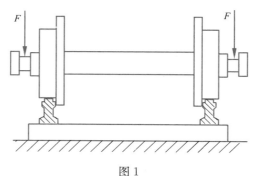

图 1

二、选择题

1. 简支梁的内力有（   ）。

A. 轴力   B. 轴力和弯矩

C. 轴力和扭矩   D. 剪力和弯矩

2. 梁在集中力偶作用的截面处，它的内力图为（   ）。

A. 剪力图有突变，弯矩图无变化   B. 剪力图有突变，弯矩图有转折

C. 弯矩图有突变，剪力图无变化   D. 弯矩图有突变，剪力图有转折

3. 在图 2 四种情况中，截面上弯矩为正，剪力为负的是（   ）。

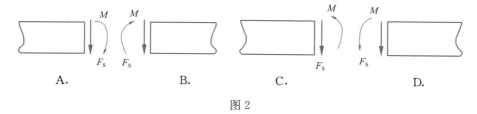

A.   B.   C.   D.

图 2

4. 梁在某一段内作用有向下的分布力时，则在该段内弯矩图是一条（   ）。

A. 上凸曲线   B. 下凸曲线

C. 带有拐点的曲线   D. 斜直线

5. 梁受力如图 3 所示，在 B 截面处（   ）。

A. 剪力图有突变，弯矩图连续光滑

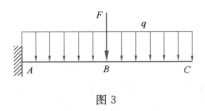

图 3

B. 剪力图有尖角，弯矩图连续光滑

C. 剪力图、弯矩图都有尖角

D. 剪力图有突变，弯矩图有尖角

三、计算题

如图 4 所示，求指定截面上的内力 $q_{A左}$，$q_{A右}$，$q_{D左}$，$q_{D右}$，$M_{D左}$，$M_{D右}$，$q_{B左}$，$q_{B右}$。

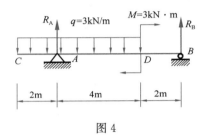

图 4

四、绘图题

如图 5 所示，已知 $q=3kN/m$，$M=3kN \cdot m$，列内力方程并画内力图。

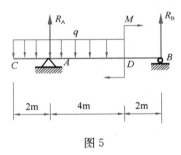

图 5

平面弯曲梁的承载能力计算

知识目标

1. 熟悉梁的弯曲正应力概念。
2. 熟悉梁的弯曲切应力概念。
3. 熟练掌握梁的弯曲正应力、弯曲切应力的计算。
4. 掌握等截面直梁的强度计算。
5. 熟练掌握梁的变形与刚度计算。

能力目标

1. 能计算梁的弯曲正应力、切应力。
2. 能熟练地运用梁正应力强度条件的三方面计算。
3. 能计算简单梁的弯曲正应力强度校核。
4. 会利用叠加法求梁的变形。
5. 会利用刚度条件校核梁的刚度。

项目概要

在外荷载作用下产生以弯曲变形为主要弯形的非竖直杆件称为梁。本项目将主要介绍平面弯曲梁横截面上正应力、切应力的计算，梁的强度条件，提高梁强度的措施及梁的变形与刚度计算等内容。

任务 6.1　平面弯曲梁横截面上的应力

任务介绍

1. 介绍梁的弯曲正应力。
2. 介绍梁的弯曲切应力。

任务目标

1. 掌握梁的弯曲正应力计算。
2. 掌握梁的弯曲切应力计算。

任务引入

如图 6-1 所示的梁在 *CD* 段，只有弯矩作用，在弯矩作用下梁内要产生什么应力？在梁内应力是怎么分布的？在 *AC*、*DB* 段梁内既有弯矩作用，又有剪力作用，在梁内应力又是怎么分布的。

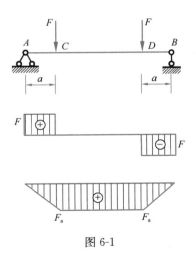

图 6-1

任务分析

为了便于观察，用矩形截面的橡胶梁来进行实验。实验前，在梁的侧表面上画上一系列与轴线平行的纵向线和与轴线垂直的竖直线［图6-2（a）］，然后在梁的纵向对称面内对称地施加两集中力 F［图6-2（b）］。

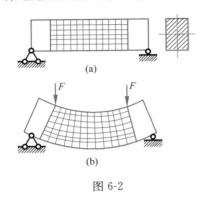

图 6-2

梁变形后，可看到下列现象：

现象1：所有的纵向线都变为相互平行的曲线，且靠上部的纵向线缩短，靠下部的纵向线伸长。

现象2：所有竖直线仍保持为直线，且与纵向曲线正交，竖直线相对倾斜了一个角度。

根据上述实验现象，可作如下分析：

根据现象2，梁横截面周边的所有横线仍保持为直线，且与纵向曲线垂直，可以推断，变形后梁的横截面仍为垂直于轴线的平面，此推断称为平面假设。它是建立梁横截面上的正应力计算公式的基础。

根据现象1，若设想梁是由无数纵向纤维所组成，由于靠上部纤维变短，靠下部分纤维变长，则由变形的连续性可知，中间必有一层纤维既不伸长也不缩短，称此层为中性层。中性层与横截面的交线称为中性轴（图6-3）。

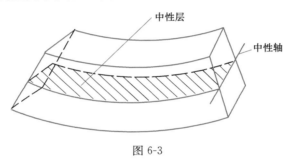

图 6-3

相关知识

6.1.1 梁的弯曲正应力

根据上述的分析，进一步从几何、物理和静力学三个方面来推导梁的正应力公式。

1. 几何方面

首先研究与正应力有关的纵向纤维的变形规律。从纯弯曲梁段内截取长为 dx 的微段，并取横截面的竖向对称轴为 y 轴，中性轴为 z 轴［图6-4（a）］。梁弯曲后，距中性层 y 处的任一纵线 K_1K_2 变为弧线 $K'_1K'_2$［图6-4（b）］。设 O 为曲率中心，中性层 O_1O_2 的曲率半径为 ρ，截面1-1和2-2间的相对转角为 $d\theta$，则纵向纤维 K_1K_2 的伸长量为：

$$(\rho+y)d\theta - dx = (\rho+y)d\theta - \rho d\theta = y d\theta$$

故纵向纤维 K_1K_2 的线应变为：

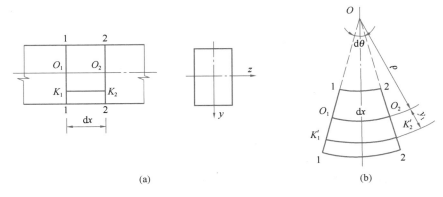

图 6-4

$$\varepsilon = \frac{y\mathrm{d}\theta}{\mathrm{d}x} = \frac{y}{\rho} \tag{6-1}$$

此式表达了梁横截面上任一点处的纵向线应变 ε 随该点的位置而变化的规律。

2. 物理方面

由于假设纵向纤维之间无挤压，只受到单向轴向拉伸或者压缩，所以在正应力不超过比例极限时，由胡克定律可得：

$$\sigma = E\varepsilon = E\frac{y}{\rho} \tag{6-2}$$

对于确定的截面 E 与 ρ 均为常数。式（6-2）说明，横截面上任一点处的正应力与该点到中性轴的距离成正比，即应力沿截面高度方向呈线性规律分布，如图 6-5 所示。

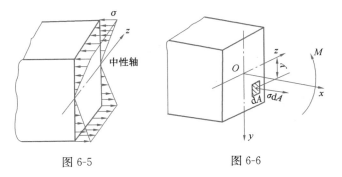

图 6-5　　　　　　　　　图 6-6

3. 静力学方面

以上已得到正应力的分布规律，但由于中性轴的位置与中性轴曲率半径的大小均尚未确定，所以仍不能确定正应力的大小。这些问题需要再从静力学关系来解决。

在横截面上取一微面积 $\mathrm{d}A$，其微内力为 $\sigma\mathrm{d}A$，梁发生纯弯曲时，横截面上内力简化的结果只有弯矩，如图 6-6 所示。所以横截面上微内力 $\sigma\mathrm{d}A$ 在 x 轴上投影代数和应为零；而对其 z 轴之矩 $y\sigma\mathrm{d}A$ 的代数和应等于该截面上的弯矩 M。即：

$$\int_A \sigma\mathrm{d}A = 0 \tag{6-3}$$

133

$$\int_A y\sigma dA = M \tag{6-4}$$

将式（6-2）代入式（6-3）得：

$$\int_A \frac{E}{\rho} y dA = \frac{E}{\rho} \int_A y dA = 0 \tag{6-5}$$

由于 $\frac{E}{\rho} \neq 0$，故有：

$$\int_A y dA = y dA = 0 \tag{6-6}$$

上式表明横截面对中性轴的静矩等于零。由此可知，中性轴 z 必定通过横截面的形心。因此截面形心的连线——梁的轴线位于中性层。

再将式（6-2）代入式（6-4）得：

$$\int_A \frac{E}{\rho} y \cdot y dA = \frac{E}{\rho} \int_A y^2 dA = M \tag{6-7}$$

$I_z = \int_A y^2 dA$ 是与截面形状和尺寸有关的几何量，称为截面对 z 轴的惯性矩。故有：

$$\frac{1}{\rho} = \frac{M}{EI_z} \tag{6-8}$$

式（6-8）是计算梁变形的基本公式，式中 $\frac{1}{\rho}$ 是中性层的曲率，由于梁轴线位于中性层，所以 $\frac{1}{\rho}$ 也是变形后的轴线在该截面处的曲率，它反映了梁的变形程度。弯曲后轴线的曲率与弯矩 M 成正比，而与 EI_z 成反比。EI_z 愈大，则 $\frac{1}{\rho}$ 愈小，即梁的弯曲变形就愈小，刚度越大，故称 EI_z 为梁的抗弯刚度。由此可推导出：

$$\sigma = \frac{M}{I_z} y \tag{6-9}$$

式中，M——横截面上的弯矩；

I_z——截面对中性轴的惯性矩；

y——所求应力点至中性轴的距离。

这就是梁横截面上的正应力计算公式。

当弯矩为正时，梁下部纤维伸长，故产生拉应力，上部纤维缩短而产生压应力；弯矩为负时，则相反。在用式（6-9）计算正应力时，可不考虑式中 M 和 y 的正负号，均以绝对值代入；正应力是拉应力还是压应力可由观察梁的变形来判断。

这里需要说明的是：

（1）式（6-9）虽然是由矩形截面梁导出的，但也适用于所有横截面形状对称于 y 轴的梁，如工字形、T 字形、圆形截面梁等。

（2）式（6-9）是根据纯弯曲的情况导出的，而实际工程中的梁，大多受横向力作用，截面上剪力、弯矩均存在。但进一步的研究表明，对一般细长的梁，剪力的存在对正应力分布规律的影响很小。因此，对非纯弯曲的情况，式（6-9）也是适用的。

【**例 6-1**】矩形截面悬臂梁如图 6-7 所示，试计算 C 截面上 a、b、c 三个点的正应力。

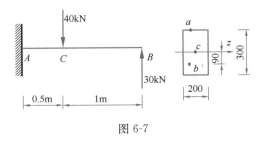

图 6-7

【**解**】

1. 截面 C 点的弯矩

$M_C = 30 \times 1 = 30$（kN·m）。

2. 计算应力

截面对中性轴 z 的惯性矩为：

$$I_z = \frac{bh^3}{12} = \frac{200 \times 300^3}{12} = 4.5 \times 10^8 (\text{mm}^4)。$$

三个点的正应力为：

$$\sigma_a = \frac{M_C}{I_z} y_a = \frac{30 \times 10^6}{4.5 \times 10^8} \times 150 = 10(\text{MPa})。$$

$$\sigma_b = \frac{M_C}{I_z} y_b = \frac{30 \times 10^6}{4.5 \times 10^8} \times 90 = 6(\text{MPa})。$$

$$\sigma_c = \frac{M_C}{I_z} y_c = 0。$$

上述三点处拉应力还是压应力是由截面上弯矩正负来判断的，中性轴以上的点 a 处为压应力，中性轴以下的点 b 为拉应力，中性轴上的点 c 为 0。

6.1.2　梁的弯曲切应力

在工程中，大多数梁是在横向力作用下发生弯曲，横截面上的内力不仅有弯矩，而且还有剪力。因此横梁面上除具有正应力外，还具有切应力。

切应力在横截面上的分布情况要比正应力复杂。切应力公式的推导也是在某种假设前提下进行的，要根据截面的具体形状对切应力的分布适当地作出一些假设，才能导出计算公式。本节将简要地介绍几种常见截面形式的切应力计算公式和切应力的分布情况，对于切应力计算公式将不进行推导。

1. 矩形截面梁的切应力

一受横向荷载作用的矩形截面梁，截面上沿 y 轴方向有剪力 F_Q。假设截面上任一点的切应力 τ 的方向均平行于剪力 F_s 的方向，且与中性轴等距离各点的切应力相等（图 6-8）。根据这些假设，通过静力平衡条件，便可导出矩形截面梁切应力计算公式：

$$\tau = \frac{F_Q S_z}{I_z b} \tag{6-10}$$

式中，F_Q——横截面上的剪力；

I_z——整个横截面对中性轴 z 的惯性矩；

S_z——y 处横线一侧的部分截面对 z 轴的静距；

b——横截面的宽度。

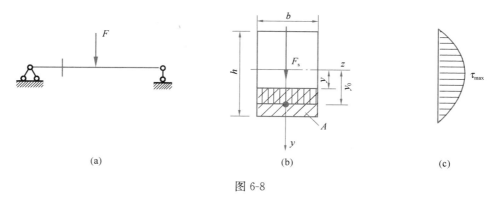

图 6-8

对式（6-10）进一步推导，得：

$$\tau = \frac{3F_Q}{2bh}\left(1 - \frac{4y^2}{h^2}\right) \tag{6-11}$$

由此可见：矩形截面梁的弯曲切应力沿截面高度呈抛物线分布；在截面上、下边缘（$y = \pm\frac{h}{2}$），切应力 $\tau = 0$；在中性轴（$y = 0$）上，切应力最大，其值为：

$$\tau_{\max} = \frac{3F_Q}{2bh} \tag{6-12}$$

2. 工字形截面梁的弯曲切应力

工字形截面由上、下翼缘和腹板所组成 [图 6-8（a）]。翼缘和腹板上均存在竖向切应力。但是由于翼缘上的竖向切应力很小，计算时一般不予考虑，在此也不作讨论。对腹板上的切应力，仍假设沿腹板壁厚方向均匀分布，导出与矩形截面梁的切应力计算式(6-10)形式完全相同的公式。

由式（6-10）可知，切应力沿腹板高度的分布也是按抛物线规律变化的，如图 6-9（b)所示。其最大切应力（中性轴上）和最小切应力相差不多，接近于均匀分布。通过分析可知，对工字形截面梁剪力主要由腹板承担，而弯矩主要由翼缘承担。

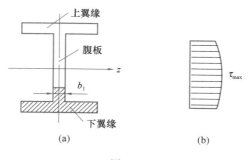

图 6-9

【例 6-2】如图 6-10 所示，矩形截面简支梁，已知 $l=2\text{m}$，$h=150\text{mm}$，$b=100\text{mm}$，$y_1=50\text{mm}$，$F=10\text{kN}$。

试求：1. $m\text{-}m$ 截面上 K 点的剪应力；

2. 若采用 22a 工字钢，求最大剪应力。

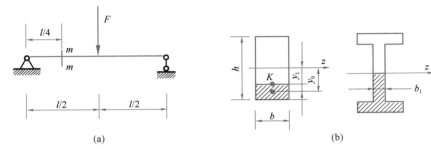

(a) (b)

图 6-10

【解】

1. 求 $m\text{-}m$ 截面上 K 点的切应力，先分别求 $m\text{-}m$ 截面剪力、惯性矩以及 K 点水平线下截面面积对中性轴的静矩。它们分别为：

$$F_Q=\frac{F}{2}=5(\text{kN});$$

$$I_z=\frac{bh^3}{12}=\frac{0.1\times0.15^3}{12}=0.28\times10^{-4};$$

$$S_z=A\cdot y_0=0.1\times0.025\times0.0625=0.156\times10^{-3}(\text{m}^3)。$$

代入切应力式（6-10），得 K 点切应力为：

$$\tau=\frac{F_Q S_z}{I_z b}=\frac{5\times10^3\times0.156\times10^{-3}}{0.28\times10^{-4}\times0.1}=278.57(\text{kPa})。$$

2. 若截面为 22a 工字钢，求最大切应力，由型钢表查得 $\dfrac{I_z}{S_z}=18.9\text{cm}$；$b_1=0.75\text{cm}$，其中 S_z 为半截面对中性轴的静矩。最大切应力发生在中性轴上，所以：

$$\tau_{\max}=\frac{F_Q S_z}{I_z b_1}=\frac{5\times10^3}{0.189\times0.0075}=3.53(\text{MPa})。$$

任务强化

图 1 为简支梁，试求其截面 D 上 a、b、c、d、e 五点处的正应力。

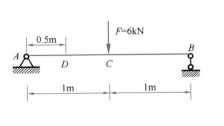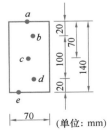

图 1

图 2 为矩形截面外伸梁，已知 $F_1=10\text{kN}$，$F_2=8\text{kN}$，$q=10\text{kN/m}$，试求梁横截面上的最大拉应力和最大压应力的数值及其所在位置。

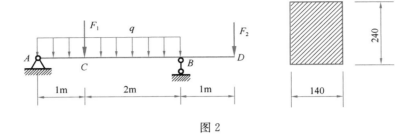

图 2

任务 6.2　平面弯曲梁强度条件及其应用

任务介绍

1. 介绍梁的最大正应力。
2. 介绍梁的正应力强度条件。
3. 介绍梁的切应力强度条件。
4. 介绍提高梁弯曲强度的主要途径。

任务目标

1. 掌握正应力强度条件的应用。
2. 掌握切应力强度条件。
3. 掌握如何选择梁截面形状。

平面弯曲
梁的强度
条件及其
应用

任务引入

在一般情况下，梁内同时存在弯曲正应力和切应力，为了保证梁的安全工作，梁最大应力能不能超出一定的限度？即梁要同时满足怎么样的正应力强度条件和切应力强度条件？本节将据此建立梁的正应力强度条件和切应力强度条件。

任务分析

在横向力的作用下，梁的横截面一般同时存在弯曲正应力和弯曲切应力。从应力分布规律可知，最大弯曲正应力发生在距中性轴最远的位置；最大弯曲切应力一般发生在中性轴处。为了保证梁能安全地工作，必须使梁内的最大应力不超过材料的许用应力，因此，对上述两种应力应分别建立相应的强度条件。

6.2.1 正应力强度条件

在进行梁的正应力强度计算时，必须知道梁上的最大正应力发生的位置和数值，产生最大正应力的截面称为危险截面，对于等直梁，最大弯矩所在的截面就是危险截面；危险截面上的最大正应力所在的点称为危险点，它发生在危险截面的上、下边缘处。

1. 对于中性轴是截面对称轴的梁

此类梁上的最大拉应力和最大压应力相等，其值为：

$$\sigma_{t\max} = \sigma_{c\max} = \sigma_{\max} = \frac{M_{\max}}{I_z} y_{\max} = \frac{M_{\max}}{W_z}$$

2. 对于中性轴不是截面对称轴的梁

此类梁上的最大拉应力和最大压应力不相等，需要分别计算最大正弯矩和最大负弯矩所在截面的最大拉应力和最大压应力，最后通过比较才能确定梁上的最大拉应力和最大压应力的数值和位置。

6.2.2 梁的正应力强度条件

为了保证梁能安全可靠地工作，必须使梁上的最大工作应力不超过材料的许用应力。

1. 当材料的抗拉和抗压能力相同时，则梁的正应力强度条件为：

$$\sigma_{\max} = \frac{M_{\max}}{W_z} \leqslant [\sigma] \tag{6-13}$$

2. 当材料的抗拉和抗压能力不同时，则梁的正应力强度条件为：

$$\sigma_{t\max} = \frac{M_{t\max}}{W_{z1}} \leqslant [\sigma_t] \tag{6-14}$$

$$\sigma_{c\max} = \frac{M_{c\max}}{W_{z2}} \leqslant [\sigma_c] \tag{6-15}$$

6.2.3 梁的正应力强度计算

根据梁的正应力强度条件，可以解决梁的三类强度计算问题。

1. 强度校核

在已知梁的材料、横截面形状与尺寸和所受荷载的情况下，检验梁的最大正应力是否满足强度条件。直接运用式（6-13）计算，即：

$$\sigma_{\max} = \frac{M_{\max}}{W_z} \leqslant [\sigma]$$

2. 截面设计

已知梁的材料和所承受的荷载（即已知 $[\sigma]$ 和 M），根据强度条件可先求出梁所需的弯曲截面系数 W_z，进而确定截面尺寸。将式（6-11）改写为：

$$W_z \geqslant \frac{M_{max}}{[\sigma]} \qquad (6\text{-}16)$$

求出 W_z 后，再依选定的截面形式，确定截面尺寸。

3. 确定许可荷载

已知梁的材料、截面的形状、尺寸（即已知 $[\sigma]$ 和 W_z），根据强度条件可求出梁所能承受的最大弯矩，进而求出梁所能承受的最大荷载。将式（6-11）改写为：

$$M_{max} \leqslant W_z \cdot [\sigma] \qquad (6\text{-}17)$$

求出 M_{max} 后，依 M_{max} 与荷载的关系，确定所承受荷载的最大值。

6.2.4　梁的切应力强度条件

等截面梁内的最大切应力发生在剪力最大的横截面的中性轴上。该最大切应力的值应满足：

$$\tau_{max} = \frac{F_{Q,max} \cdot S_{z,max}}{I_z \cdot b} \qquad (6\text{-}18)$$

这就是梁的切应力强度条件。

在进行梁的强度计算时，必须同时满足梁的正应力强度条件和切应力强度条件。但在一般情况下，正应力强度条件往往起主导作用。在选择梁的截面时，通常是先按正应力强度条件选择截面尺寸，然后再进行切应力强度校核。对于某些特殊情况，梁的切应力强度条件也可能起控制作用。例如，梁的跨度很小，或在支座附近有较大的集中力作用，这时梁可能出现弯矩较小，而剪力却很大的情况，这就必须注意切应力强度条件是否满足。又如，对于木梁，在木材顺纹方向的抗剪能力很差，也应注意在进行正应力强度校核的同时，进行切应力的强度校核。

【例 6-3】 如图 6-11（a）所示的简支梁采用 36b 工字钢制成，梁所受的均布荷载 $q = 20\text{kN/m}$，梁的跨度 $l = 8\text{m}$，梁的自重不计，型钢的许用应力 $[\sigma] = 160\text{MPa}$，试校核该梁的正应力强度。

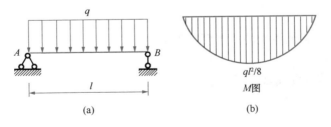

图 6-11

【解】

（1）绘制梁的图如图 6-11（b）所示，由图可知，梁上最大弯矩为：

$$M_{max} = \frac{1}{8}ql^2 = \frac{1}{8} \times 20 \times 8^2 = 160(\text{kN} \cdot \text{m})$$

（2）查型钢表得：36b 工字钢的 $W_z = 919\text{cm}^3$。

（3）计算梁的最大正应力并校核梁的正应力强度为：

$$\sigma_{\max} = \frac{M_{\max}}{W_z} = \frac{160 \times 10^6}{919 \times 10^3} = 174.1(\text{MPa}) > [\sigma] = 160(\text{MPa})。$$

经校核可知该梁不满足正应力强度要求，需进行重新设计。

【例6-4】一矩形截面简支木梁，梁上作用均布荷载（图6-12）。已知 $l = 4\text{m}$，$b = 140\text{mm}$，$h = 210\text{mm}$，$q = 2\text{kN/m}$；弯曲时木材的许用拉应力 $[\sigma] = 6.4\text{MPa}$。试校核梁的强度并求梁能承受的最大荷载。

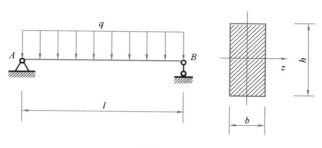

图6-12

【解】

1. 校核强度

最大弯矩发生在跨中截面上，其值为：

$$M_{\max} = \frac{1}{8}ql^2 = \frac{1}{8} \times 2 \times 4^2 = 4(\text{kN} \cdot \text{m})。$$

弯曲截面系数为：

$$W_z = \frac{bh^2}{6} = \frac{0.14 \times 0.21^2}{6} = 0.103 \times 10^{-2}(\text{m}^3)。$$

最大正应力为：

$$\sigma_{\max} = \frac{M_{\max}}{W_z} = \frac{4 \times 10^3}{0.103 \times 10^{-2}} = 3.88(\text{MPa})。$$

满足强度要求。

2. 求最大荷载

根据强度条件，梁能承受的最大弯矩为：

$$M = W_z \cdot [\sigma]。$$

跨中最大弯矩与荷载 q 的关系为：

$$M_{\max} = \frac{1}{8}ql^2；$$

所以，$\frac{1}{8}ql^2 = W_z[\sigma]$。

从而得：

$$q = \frac{8W_z[\sigma]}{l^2} = \frac{8 \times 0.103 \times 10^{-2} \times 6.4 \times 10^6}{4^2} = 3.30(\text{kN/m})。$$

即梁能承受的最大荷载为3.30kN/m。

【例6-5】试为如图6-13(a)所示枕木选择矩形截面尺寸。已知截面尺寸的比例为 $b : h = 3 :$

4，许用拉应力 $[\sigma]=6.4\mathrm{MPa}$，许用切应力 $[\tau]=2.5\mathrm{MPa}$。

　　【解】画出内力图如图 6-13（b）和图 6-13（c）所示。

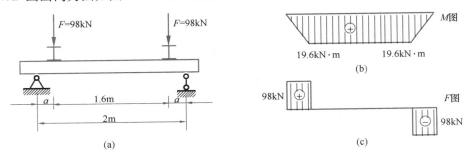

图 6-13

（1）按正应力强度条件设计截面

由如图 6-13（b）所示弯矩图可知：

$M=F_a=98\times0.2=19.6$（kN·m）。

根据正应力强度条件式（6-11），求得：

$$W_z\geqslant\frac{M_{max}}{[\sigma]}=\frac{19.6\times10^3}{6.4\times10^6}=3.06\times10^{-3}\mathrm{m}^3 。$$

因为 $W_z=\dfrac{bh^2}{6}$，而 $b:h=3:4$。

则：$W_z=\dfrac{1}{6}\times\dfrac{3}{4}h\times h^2=\dfrac{h^3}{8}$。

从而得：$h^3=8W_z=8\times3.06\times10^{-3}=24.48\times10^{-3}$（m）^{3}。

即 $h=0.290\mathrm{m}$，$b=\dfrac{3}{4}h=\dfrac{3}{4}\times0.290=0.218$（m）。

考虑施工上的方便，取 $h=0.29\mathrm{m}$，$b=0.22\mathrm{m}$。

（2）切应力强度校核

由如图 6-13（c）所示的剪力图可知：

$$F_{Qmax}=F=98\text{（kN）}。$$

根据切应力强度条件式（6-16）：

$$\tau_{max}=\frac{3}{2}\frac{F_{Qmax}}{A}=\frac{3\times98\times10^3}{2\times638\times10^{-4}}=2.30\mathrm{MPa}<[\tau]。$$

说明按照正应力强度条件设计的截面尺寸可以满足切应力强度条件。

6.2.5　提高梁弯曲强度的主要途径

　　前面讨论强度计算时曾经指出，梁的弯曲强度主要是由正应力强度条件控制的，所以，要提高梁的弯曲强度主要就是要提高梁的弯曲正应力强度。

　　从弯曲正应力的强度条件 $\sigma_{max}=\dfrac{M_{max}}{W_z}\leqslant[\sigma]$ 来看，最大正应力与弯矩 M 成正比，与弯曲截面系数 W_z 成反比，所以要提高梁的弯曲强度应从提高 W_z 值和降低 M 值入手，具体可从以下三方面考虑。

1. 选择合理的截面形状

从弯曲强度方面考虑，最合理的截面形状是能用最少的材料获得最大弯曲截面系数。下面比较一下矩形截面、正方形截面及圆形截面的合理性。

设三者的面积 A 相同，圆的直径为 d，正方形的边长为 a，矩形的高、宽分别为 h 和 b，且 $h > b$。三种形状截面系数分别为矩形截面 $W_{z1} = \frac{1}{6}bh^2$，正方形截面 $W_{z2} = \frac{1}{6}a^3$，圆形截面 $W_{z3} = \frac{1}{32}\pi d^3$。先比较矩形与正方形。两者的弯曲截面系数的比例为：

$$\frac{W_{z1}}{W_{z2}} = \frac{\frac{1}{6}bh^2}{\frac{1}{6}a^3} = \frac{bh^2}{a^3} = \frac{hA}{aA} = \frac{h}{a}$$

由于 $bh = a^2$，$h > b$，则 $h > a$。这说明矩形截面只要 $h > b$（$W_1 > W_2$），就比同样面积的正方形截面合理。

再比较正方形与圆形。两者的弯曲截面系数的比值为：

$$\frac{W_{z2}}{W_{z3}} = \frac{\frac{1}{6}a^3}{\frac{1}{32}\pi d^3}$$

由 $\pi \left(\frac{d}{2}\right)^2 = a^2$，得 $a = \frac{\sqrt{\pi}}{2}d$，将此代入上式，得：

$$\frac{W_{z2}}{W_{z3}} = 1.19 > 1$$

这说明正方形截面比圆形截面合理。

从以上的比较看到，截面面积相同时，矩形比方形好，方形比圆形好。如果以相同的截面面积做成工字形，将比做成矩形还要好。因为 W_z 值与截面的高度及截面的面积分布有关。截面的高度越高，面积分布得离中性轴越远，W_z 值就越大；相反，截面高度小，截面面积大部分分布在中性轴附近，W_z 值越小。由于工字形截面的大部分面积分布在离中性轴较远的上、下翼缘上，所以 W_z 值比上述其他几种形状截面的 W_z 值大。而圆形截面的大部分面积是分布在中性轴附近，因而 W_z 值就很小。

梁的截面形状的合理性，也可从应力的角度来分析。由弯曲正应力的分布规律可知，在中性轴附近处的正应力很小，材料没有充分发挥作用。所以，为使材料更好地发挥作用，就应尽量减小中性轴附近的面积，而使更多的面积分布在离中性轴较远的位置。

工程中常用的空心板〔图 6-14（a）〕以及挖孔的薄腹梁〔图 6-14（b）〕等，其孔洞都是开在中性轴附近，这就减少了没有充分发挥作用的材料的使用，从而获得较好的经济效果。

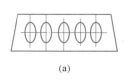
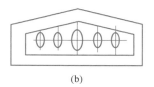

(a)　　　　　　　　　　(b)

图 6-14

以上的讨论只是从弯曲强度方面来考虑梁的截面形状的合理性，实际上，在许多情况下还必须考虑使用、加工及侧向稳定性等因素。

2. 变截面梁

在一般情况下，梁内不同横截面的弯矩不同，在按最大弯矩设计的等截面梁中，除最大弯矩所在截面外，其余截面的材料强度均未得到充分利用。要想更好地发挥材料的作用，应该在弯矩比较大的地方采用较大的截面，在弯矩较小的地方采用较小的截面。这种截面沿梁轴变化的梁称为变截面梁。最理想的变截面梁，是使梁的各个截面上的最大应力同时达到材料的许用应力。

从强度以及材料的利用上看，等强度梁很理想，但这种梁加工制造比较困难。而在实际工程中，构件往往只能设计成近似等强度的变截面梁。图 6-15 就是实际工程中常用的几种变截面梁的形式。对于阳台或雨篷等的悬臂梁，常采用如图 6-15（a）所示的形式；对于跨中弯矩大，两边弯矩逐渐减小的简支梁，常采用如图 6-15（b）、图 6-15（c）所示的形式：图 6-15（b）为上下加盖板的钢梁；图 6-15（c）为工业厂房中的鱼腹式吊车梁。

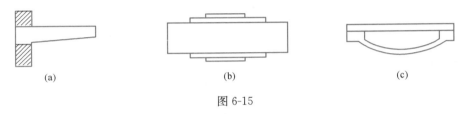

（a） （b） （c）

图 6-15

3. 安全梁的合理受力

（1）合理布置梁的支座

如图 6-16（a）所示简支梁，受均布荷载 q 作用，跨中最大弯矩为 $M_{\max} = \dfrac{1}{8}ql^2$，若将两端的支座各向中间移动 $0.2l$［图 6-16（b）］，则最大弯矩减小为 $M_{\max} = 0.025ql^2$，只是前者的 $\dfrac{1}{5}$，也就是说，按图 6-16（b）布置支座，荷载提高了四倍。

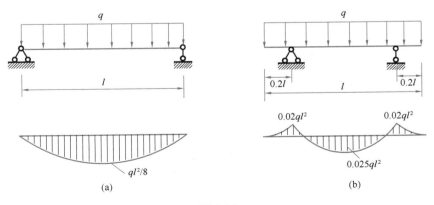

（a） （b）

图 6-16

（2）合理布置荷载

将梁上的荷载尽量分散，也可降低梁内的最大弯矩值，提高梁的弯曲强度。如图 6-17 （a）所示简支梁，跨中受集中力 F 作用，其最大弯矩为 $Fl/4$。若在梁的中间安置一根长为 $l/2$ 的辅助梁，如图 6-17（b），则梁的最大弯矩变为 $Fl/8$，即前者的一半。

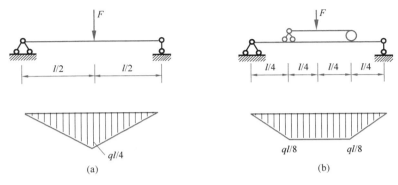

图 6-17

任务强化

1. 是否弯矩最大的截面，一定就是梁的最危险截面？

2. 合理设计梁截面的原则是什么？何谓等强度梁？

3. 如图 1 所示，简支梁由 22b 工字钢制成，材料的许用应力 $[\sigma]=170\mathrm{MPa}$，试校核梁的正应力强度。

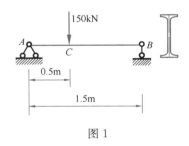

图 1

4. 如图 2 所示，矩形截面简支梁，材料的许用应力 $[\sigma]=1.0\times10^4\mathrm{kPa}$，试求：梁能承受的最大荷载 F。

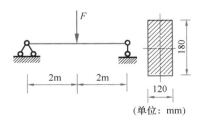

（单位：mm）

图 2

任务6.3 平面弯曲梁的变形及刚度计算

任务介绍

1. 介绍梁的变形。
2. 介绍梁的变形计算。
3. 介绍梁的刚度条件。
4. 介绍提高梁刚度的措施。

任务目标

1. 熟练掌握叠加法计算梁的变形。
2. 掌握梁的刚度条件。
3. 掌握如何提高刚度措施。

任务引入

楼面梁变形过大时，下面的抹灰层开裂、脱落，这时楼板还可以正常使用吗？在生活中，经常会看到梁的下部出现这种情况，是直接弃用还是可以继续使用？

任务分析

为了保证梁在荷载作用下的正常工作，除满足强度要求外，还需要满足刚度要求。刚度要求就是要求控制梁在荷载作用下产生的变形在一定限度内，否则会影响结构的正常使用。

相关知识

6.3.1　弯曲变形的概念

1. 挠曲线

梁在荷载作用下产生弯曲变形后，其轴线为一条光滑的平面曲线，此曲线称为梁的挠曲线或梁的弹性曲线。如图 6-18 所示的悬臂梁。AB 表示梁变形前的轴线，AB' 表示梁变形后的挠曲线。

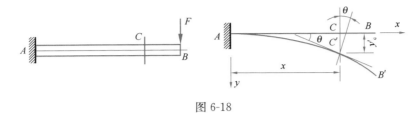

图 6-18

2. 挠度和转角

（1）挠度

梁任一横截面形心在垂直于梁轴线方向的竖向位移 CC' 称为挠度，用 y 表示，单位为"mm"，并规定向下为正。

在弹性范围内，梁的轴线在变形后将弯曲成一条位于荷载所在平面内的光滑、连续的平面曲线，称为梁的挠曲线。

（2）转角

梁任一横截面相对于原来位置所转动的角度，称为该截面的转角，用 θ 表示，单位为"rad"（弧度），并规定顺时针转为正。

6.3.2 求梁弯曲变形的方法

求梁的变形可用积分法和叠加法。

1. 积分法

积分法是对挠曲线方程进行两次积分，从而得到挠度和转角。积分法虽然可以求得梁任一截面的转角和挠度，但是当梁上作用有几种（或几个）荷载时，计算工作量很大。在实际工程中往往只需要求出梁指定截面的位移，这时，采用叠加法更为方便。

2. 叠加法

叠加法，就是先分别计算每种（或每个）荷载单独作用下产生的截面位移，然后再将这些位移代数相加，即为各荷载共同作用下所引起的位移。只有变形是微小的，材料是处于弹性阶段且服从胡克定律，才可应用叠加法。

表 6-1 列举了几种常用的梁在简单荷载作用下的转角和挠度。利用这些数据，按叠加法求多荷载共同作用下的梁的位移是很方便的。

几种常用的梁在简单载荷作用下的转角和挠度　　　　　　　　　　表 6-1

梁的简图	挠曲线方程	转角和挠度
  A ／ B ／ F ／ θ_B ／ y_B ／ l	$y = -\dfrac{Fx^2}{6EI}(3l - x)$	$\theta_B = -\dfrac{Fl^2}{2EI}$ $y_B = -\dfrac{Fl^3}{3EI}$

续表

梁的简图	挠曲线方程	转角和挠度
	$y=-\dfrac{Fx^2}{6EI}(3a-x)$ $0\leqslant x\leqslant a$ $y=-\dfrac{Fa^2}{6EI}(3x-a)$ $a\leqslant x\leqslant l$	$\theta_B=-\dfrac{Fa^2}{2EI}$ $y_B=-\dfrac{Fa^2}{6EI}(3l-a)$
	$y=-\dfrac{qx^2}{24EI}(x^2-4lx+6l^2)$	$\theta_B=-\dfrac{ql^3}{6EI}$ $y_B=-\dfrac{ql^4}{8EI}$
	$y=-\dfrac{Mx^2}{2EI}$	$\theta_B=-\dfrac{Ml}{EI}$ $y_B=-\dfrac{Ml^2}{2EI}$
	$y=-\dfrac{Mx^2}{2EI}$ $0\leqslant x\leqslant a$ $y=-\dfrac{M_a}{EI}\left(x-\dfrac{a}{2}\right)$ $a\leqslant x\leqslant l$	$\theta_B=-\dfrac{M_a}{EI}$ $y_B=-\dfrac{M_a}{EI}\left(l-\dfrac{a}{2}\right)$
	$y=-\dfrac{Fx}{48EI}(3l^2-4x^2)$ $0\leqslant x\leqslant \dfrac{l}{2}$	$\theta_A=-\theta_B=-\dfrac{Fl^2}{16EI}$ $y_C=-\dfrac{Fl^3}{48EI}$
	$y=-\dfrac{Fbx}{6EIl}(l^2-x^2-b^2)$ $0\leqslant x\leqslant a$ $y=-\dfrac{Fb}{6EIl}\left[\dfrac{l}{b}(x-a)^3\right.$ $\left.+x(l^2-b^2)-x^3\right]$ $a\leqslant x\leqslant l$	$\theta_A=-\dfrac{Fab(l+b)}{6EIl}\quad \theta_B=\dfrac{Fab(l+a)}{6EIl}$ 设 $a>b$，在 $x=\sqrt{\dfrac{l^2-b^2}{3}}$ 处 $y_{max}=-\dfrac{Fb\,(l^2-b^2)^{\frac{3}{2}}}{9\sqrt{3}EIl}$， 在 $x=l/2$ 处 $y_{0.5l}=-\dfrac{Fb(3l^2-4b^2)}{48EI}$
	$y=-\dfrac{qx}{24EI}(l^3-2lx^2+x^3)$	$\theta_A=-\theta_B=-\dfrac{ql^3}{24EI}$ $x=\dfrac{l}{2}\ y_{max}=-\dfrac{5ql^4}{384EI}$

梁的简图	挠曲线方程	转角和挠度
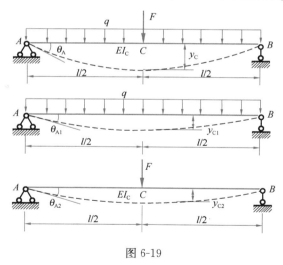	$y = -\dfrac{Mx}{6EIl}(l-x)(2l-x)$	$\theta_A = -\dfrac{Ml}{3EI}, \theta_B = \dfrac{Ml}{6EI}$ $x = (1-\dfrac{1}{\sqrt{3}})l, y_{max} = -\dfrac{Ml^2}{9\sqrt{3}EI}$ $x = l/2, y_{0.5l} = -\dfrac{Ml^2}{16EI}$
	$y = -\dfrac{Mx}{6EIl}(l^2 - x^2)$	$\theta_A = -\dfrac{Ml}{6EI}, \theta_B = \dfrac{Ml}{3EI}$ $x = \dfrac{l}{\sqrt{3}}, y_{max} = -\dfrac{Ml^2}{9\sqrt{3}EI}$ $x = l/2, y_{0.5l} = -\dfrac{Ml^2}{16EI}$
	$y = \dfrac{Mx}{6EIl}(l^2 - x^2 - 3b^2)$ $0 \leqslant x \leqslant a$ $y = \dfrac{M}{6EIl}[-x^3 + 3l(x-a)^2 +$ $(l^2 - 3b^2)x]$ $a \leqslant x \leqslant l$	$\theta_A = \dfrac{M}{6EIl}(l^2 - 3b^2)$ $\theta_B = \dfrac{M}{6EIl}(l^2 - 3a^2)$

【例 6-6】 试用叠加法计算如图 6-19 所示的简支梁的跨中挠度 y_C 与 A 截面的转角 θ。

图 6-19

【解】 可先分别计算与单独作用下的跨中挠度 y_{c1} 和 y_{c2}，由表 6-1 查得：

$$y_{c1} = \frac{5ql^4}{384EI_z}$$

$$y_{c2} = \frac{Fl^3}{48EI_z}$$

q 与 F 共同作用下的跨中挠度则为：

$$y_c = y_{c1} + y_{c2} = \frac{5ql^4}{384EI_z} + \frac{Fl^3}{48EI_z}$$

同样，也可求得 A 截面的转角为：

$$\theta_A = \theta_{A1} + \theta_{A2} = \frac{ql^3}{24EI_z} + \frac{fl^2}{16EI_z}$$

6.3.3　梁的刚度条件

工程中，通常只校核梁的最大挠度，以挠度的许用值 $[f]$ 与梁跨长 l 的比值 $\left[\frac{f}{l}\right]$ 作

为校核标准。即梁在荷载作用下产生的最大挠度 $f=y_{max}$ 与跨长 l 的比值不能超过 $\left[\frac{f}{l}\right]$：

$$\frac{f}{l} = \frac{y_{max}}{l} \leqslant \left[\frac{f}{l}\right] \tag{6-19}$$

这就是梁的刚度条件。在工程设计中，一般先按强度条件设计，再用刚度条件校核。

【例6-7】一简支梁由 28b 工字钢制成，跨中承受一集中荷载作用。已知 $F=20\text{kN}$，$l=9\text{m}$，$E=210\text{GPa}$，$[\sigma]=170\text{MPa}$，$\left[\frac{f}{l}\right]=\frac{1}{500}$。试校核梁的强度和刚度。

【解】

1. 计算最大弯矩

$$M_{max} = \frac{Fl}{4} = \frac{20 \times 9}{4} = 45(\text{kN} \cdot \text{m})$$

2. 由型钢表查得 28b 工字钢的有关数据

$$W_z = 534286\text{cm}^3;$$
$$I_z = 7480006\text{cm}^4 \text{。}$$

3. 校核强度

$$\sigma_{max} = \frac{M_{max}}{W_z} = \frac{45 \times 10^6}{534286 \times 10^3} = 84.2(\text{MPa}) < [\sigma] = 170(\text{MPa})$$

梁满足强度条件。

4. 校核刚度

$$\frac{f}{l} = \frac{Fl^2}{48EI_z} = \frac{20 \times 10^3 \times (9 \times 10^3)^2}{48 \times 210 \times 10^3 \times 7480006 \times 10^4} = \frac{1}{465} > \left[\frac{f}{l}\right] = \frac{1}{500}$$

梁不满足刚度条件，需增大截面。试改用 32a 工字钢，其 $I_z=11075.525\text{m}^4$。则：

$$\frac{f}{l} = \frac{20 \times 10^3 \times (9 \times 10^3)^2}{48 \times 210 \times 10^3 \times 11075.525 \times 10^4} = \frac{1}{689} < \left[\frac{f}{l}\right] = \frac{1}{500}$$

改用 32a 工字钢，满足刚度条件。

6.3.4　提高梁刚度的措施

从表 6-1 中可知，梁的最大挠度与梁的荷载、跨度、抗弯刚度等情况有关，因此，要

提高梁的刚度，需要从以下几个方面考虑：

1. 提高梁的抗弯刚度

梁的变形与 EI 成反比，增大梁的 EI 将使梁的变形减小。由于同类材料的 E 值不变，因而只能设法增大梁横截面的惯性矩 I。在面积不变的情况下，选用合理的截面形状可以有效地提高梁的抗弯刚度。从这个角度来看，工字形、箱形、环形等形状就属于合理的截面形状。因此，工程中常采用工字形、环形、箱形截面梁。当采用矩形横截面时，由于梁的惯性矩与截面高度的三次方成正比，因此应该尽可能地增加梁的高度，从而减小梁的挠度。

2. 减小梁的跨度

由于梁的最大挠度与梁跨度的幂指数成正比，说明梁的跨度对梁的变形影响很大，所以减小梁的跨度可以快速减小梁的最大挠度。例如，将简支梁的支座向中间适当移动变成外伸梁，或在梁的中间增加支座等，都是减小梁变形的有效措施。

3. 合理安排梁的受力情况

梁的最大挠度值不仅与荷载的大小有关，而且与荷载的作用位置和作用方式有关。在满足使用要求的前提下，合理地调整荷载的作用方式，可以有效地减小梁的变形。其具体做法是应尽量将荷载分散或使荷载靠近支座。

至于材料的弹性模量，虽然说梁的最大挠度也与梁的弹性模量成反比，但是由于同类材料的弹性模量值相差不大，故从材料方面来提高梁的刚度的作用不大。例如，普通钢材与高强度钢材的值基本相同，从梁的刚度角度来看，采用高强度材料的意义不大。

任务强化

1. 如图 1 所示，试用叠加法求梁自由端截面的转角和挠度。

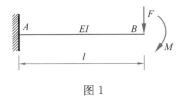

图 1

2. 如图 2 所示的梁上 $M = \dfrac{ql^2}{20}$，梁的弯曲刚度为 EI。试用叠加法求跨中截面的挠度和 A、B 截面的转角。

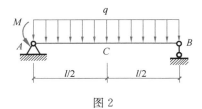

图 2

项目6考核

一、填空题

1. 梁产生弯曲变形时，若各横截面上只有弯矩而无剪力，这种弯曲称为_____。若各横截面上同时有弯矩和剪力，这种弯曲称为_____，或称为横力弯曲。

2. 梁横截面上一般有两种内力：_____和_____；产生的两种应力一个是_____，用_____表示，另一个是_____，用_____表示。

3. 梁弯曲变形时，其横截面上的正应力的大小沿截面高度呈_____变化，中性轴上各点正应力为_____，截面上、下边缘处正应力值为_____（最大值或最小值）。

4. 梁弯曲变形时，其横截面上的切应力沿梁的截面高度呈_____变化，中性轴处剪力值_____（最大或最小），截面上、下边缘处切应力值为_____。

5. 提高梁弯曲强度的措施有：①_____、②_____、③采用变截面梁。

6. 梁的刚度条件是_____。

二、选择题

1. 下列说法不正确的是（　　）。

A. 梁弯曲正应力沿截面高度呈线性分布

B. 梁弯曲正应力距中性轴越远其值越小

C. 中性轴上正应力等于零

D. 对于等截面梁，最大正应力发生在弯矩最大的截面上

2. 平面弯曲时梁截面上的正应力在（　　）最大。

A. 截面中性轴 　　　　　　　　B. 截面上、下边缘处

C. 截面形心处 　　　　　　　　D. 截面左、右边缘处

3. 平面弯曲时梁截面上的切应力在（　　）最大。

A. 截面中性轴 　　　　　　　　B. 截面上、下边缘处

C. 截面形心处 　　　　　　　　D. 截面左、右边缘处

4. 下列（　　）措施不能提高梁的弯曲刚度。

A. 缩小梁的跨度或增加支座

B. 采用惯性矩较大的截面形状，如工字形、圆环形、箱形等

C. 增大梁的跨度或减少支座

D. 用分布荷载代替集中力

5. 在梁的弯曲正应力公式中，I_z为梁截面对于（　　）的惯性矩。

A. 任一轴 z 　　　　　　　　B. 形心轴

C. 对称轴 　　　　　　　　　　D. 中性轴

三、计算题

1. 如图1所示结构由刚性梁 AB 和直径为 20mm 的钢拉杆 CD 组成。已知钢材的材料许用应力 $[\sigma]$ =160MPa，求结构的许可荷载 F_P 值。

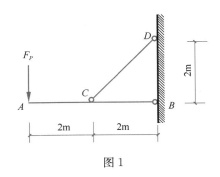

图 1

2. 如图 2 所示的简支梁，承受均布荷载 q 和集中力 F 作用，梁的弯曲刚度为 EI。试用叠加法求跨中挠度及 A 截面的转角。

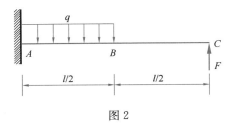

图 2

综合考核（一）

一、填空题（每题 1 分，共 10 分）

1. 如果一个力和一个力系等效，则该力为此力系的_____。

2. 力偶对物体只产生_____，而不产生移动效应。

3. 约束力的作用方向总是与约束所能限制的运动方向_____。

4. 作用在刚体上的力可以平移到刚体上任意一个指定位置，但必须在该力和指定点所决定的平面内附加一个_____。

5. 平面一般力系可以向平面内任意一点简化为一个力和一个力偶，其中_____与简化中心的具体位置无关。

6. _____变形，是指变形固体在去掉外力后能完全恢复它原来的形状和尺寸的变形。

7. _____是求杆件内力的基本方法。

8. 通常根据试件在拉断时塑性变形的大小，将工程材料分为_____和_____两类。

9. 常衡量材料塑性性能的两个指标是_____和_____。

10. 欧拉公式中的 λ 称为压杆的_____。

二、选择题（每题 1 分，共 20 分）

1. 大小相等的四个力，作用在同一平面上且力的作用线交于一点 C，试比较四个力对平面上点 O 的力矩，（　　　）力对 O 点之矩最大？

A. 力 P_1 　　　　 B. 力 P_2 　　　　 C. 力 P_3 　　　　 D. 力 P_4

2. 刚体 A 在外力作用下保持平衡，以下说法中错误的是（　　　）。

A. 刚体 A 在大小相等、方向相反且沿同一直线作用的两个外力作用下必平衡

B. 刚体 A 在作用力与反作用力作用下必平衡

C. 刚体 A 在汇交于一点且力三角形封闭的三个外力作用下必平衡

D. 刚体 A 在两个力偶矩大小相等且转向相反的力偶作用下必平衡

3. 合力与分力之间的关系，正确的说法为（　　　）。

A. 合力一定比分力大　　　　　　　　 B. 两个分力夹角越小，合力越小

C. 合力不一定比分力大　　　　　　　 D. 两个分力夹角（锐角）越大，合力越大

4. 平面任意力系合成的结果是（　　　）。

A. 合力　　　　 B. 合力偶　　　　 C. 主矩　　　　 D. 主矢和主矩

5. 在集中力偶作用处，弯矩一定有（　　　）。

A. 最大值　　　　 B. 突变　　　　 C. 极值　　　　 D. 零值

6. 梁截面上的弯矩的正负号规定为（　　　）。

A. 顺时针转为正，逆时针为负

B. 顺时针转为负，逆时针为正

C. 使所选隔离体下部受拉为正，反之为负

D. 使所选隔离体上部受拉为正，反之为负

7. 平面刚架两杆刚结点处没有集中力偶作用时，两杆的杆端（　　）值相等。

A. 弯矩　　　　　　　B. 剪力　　　　　　　C. 轴力　　　　　　　D. 扭矩

8. 如下图所示，轴向拉压杆件 AB 段的轴力为（　　）。

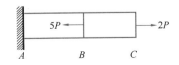

A. 5P　　　　　　　B. 2P　　　　　　　C. −3P　　　　　　　D. 3P

9. 工程中一般是以（　　）指标来区分塑性材料和脆性材料的。

A. 弹性模量　　　　B. 强度极限　　　　C. 比例极限　　　　D. 伸长率

10. 矩形截面梁横力弯曲时，在横截面的中性轴处（　　）。

A. 正应力最大，切应力为零　　　　　　B. 正应力为零，切应力最大

C. 正应力和切应力均为最大　　　　　　D. 正应力和切应力均为零

11. 如下图所示的塑性材料，截面积 $A_1 = \frac{1}{2}A_2$，危险截面在（　　）。

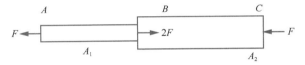

A. AB 段　　　　　　B. BC 段　　　　　　C. AC 段　　　　　　D. 不能确定

12. 梁的弯曲正应力计算公式应在（　　）范围内使用。

A. 塑性　　　　　　B. 弹性　　　　　　C. 小变形　　　　　　D. 弹塑性

13. 静定杆件的应力与杆件所受的（　　）有关。

A. 外力　　　　　　　　　　　　　　　B. 外力、截面

C. 外力、截面、材料　　　　　　　　　D. 外力、截面、杆长、材料

14. 对于塑性材料，在横截面面积相同的情况下，采用（　　）截面形式抗弯强度最好。

A. 正方形　　　　　　　　　　　　　　B. 矩形（h/b≤2）

C. 实心圆　　　　　　　　　　　　　　D. 工字形（标准型）

15. 下列说法中错误的有（　　）。

A. 压杆从稳定平衡过渡到不稳定平衡时轴向压力的临界值，称为临界力或临界荷载

B. 压杆处于临界平衡状态时横截面上的平均应力称为临界应力

C. 分析压杆稳定性问题的关键是求杆的临界力或临界应力

D. 压杆两端的支撑越牢固，压杆的长度系数越大

16. 下列说法中错误的有（　　）。

A. 临界力越小，压杆的稳定性越好，即越不容易失稳

B. 截面对其弯曲中性轴的惯性半径，是一个仅与横截面的形状和尺寸有关的几何量

C. 压杆的柔度λ综合反映了压杆的几何尺寸和杆端约束对压杆临界应力的影响

D. 压杆的柔度λ越大，则杆越细长，杆也就越容易发生失稳破坏

17. 下列哪种措施不能提高梁的弯曲刚度？（　　　）

　A. 增大梁的抗弯刚度　　　　　　　　B. 减小梁的跨度

　C. 增加支承　　　　　　　　　　　　D. 将分布荷载改为几个集中荷载

18. 长度和横截面积均相同的钢杆和铝杆，其中钢的弹性模量比铝的大，在相等的轴向拉力作用下，两杆的应力与变形为（　　　）。

　A. 铝杆的应力和钢杆相同，变形大于钢杆

　B. 铝杆的应力和钢杆相同，变形小于钢杆

　C. 铝杆的应力和变形均大于钢杆

　D. 铝杆的应力和变形均小于钢杆

19. 在其他条件不变时，若受轴向拉伸的杆件长度增加1倍，则线应变将（　　　）。

　A. 增大　　　　　B. 减少　　　　　C. 不变　　　　　D. 不能确定

20. 横截面为正方形的杆件，受轴向拉伸时，若其他条件不变，横截面边长增加1倍，则杆件横截面上的正应力（　　　）。

　A. 将减少2倍　　　　　　　　　　　B. 将减少1/2

　C. 将减少2/3　　　　　　　　　　　D. 将减少3/4

三、判断题（每题1分，共15分）

1. 两个力在同一坐标系上的投影完全相等，则这两个力一定相等。（　　　）

2. 力沿作用线移动，力对点之矩不同。（　　　）

3. 力矩的大小和转向与矩心位置有关，力偶矩的大小和转向与矩心位置无关。（　　　）

4. 力偶在任一轴上投影为零，故写投影平衡方程时不必考虑力偶。（　　　）

5. 内力是由于外力作用构件内引起的附加力。（　　　）

6. 用截面法求内力时，同一截面上的内力，由于所取对象不同，得到的内力大小和正负号也不相同。（　　　）

7. 二力杆一定是直杆。（　　　）

8. 弯矩图上的极值，就是梁内最大的弯矩。（　　　）

9. 梁上任一截面的弯矩等于该截面任一侧所有外力对形心之矩的代数和。（　　　）

10. 弯矩越大梁的弯曲应力也一定越大。（　　　）

11. 脆性材料的抗压能力一般大于抗拉能力。（　　　）

12. 应力集中对构件强度的影响与组成构件的材料无关。（　　　）

13. 在拉（压）杆中，轴力最大的截面一定是危险截面。（　　　）

14. 弯曲应力有正应力和切应力之分。一般正应力由弯矩引起，切应力由剪力引起。（　　　）

15. 压杆的柔度越大，压杆的稳定性越差。（　　　）

四、绘图题（每题3分，共15分）

1. 绘出下图所示每个构件及整体的受力图。（3分）

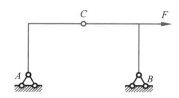

2. 绘制下图所示外伸梁的弯矩图与剪力图。（3分）

3. 绘制下图所示外伸梁的弯矩图与剪力图。（3分）

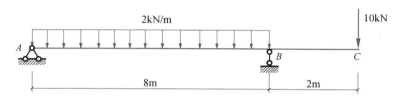

4. 绘制下图所示外伸梁的弯矩图与剪力图。（3分）

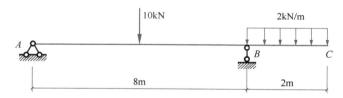

5. 绘制轴力图。（3分）

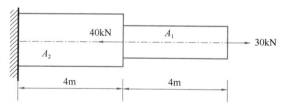

五、计算题（每题8分，共40分）

1. 求下图所示梁的支座反力及 B 截面和 C 截面的弯矩。（8分）

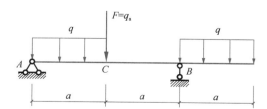

2. 求下图所示梁的支座反力及 D 截面的弯矩。（8分）

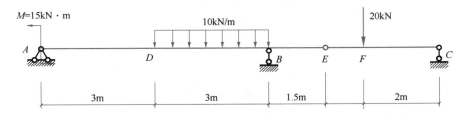

3. 如下图所示变截面柱子，力 $F=100$kN，柱段 I 的截面积 $A_1=240$mm×240mm，柱段 II 的截面积 $A_2=240$mm×370mm，许可应力 $[\sigma]=4$MPa，试校核该柱子的强度。（8分）

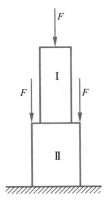

4. 如下图所示简支梁受均布荷载 $q=2$kN/m 的作用，梁的跨度 $l=3$m，梁的许可拉应力 $[\sigma]^+=7$MPa，许可压应力 $[\sigma]^-=30$MPa。试校核该梁的正应力强度。（8分）

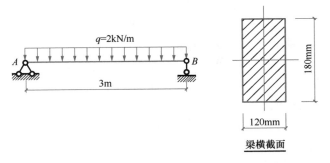

梁横截面

5. 简支梁受力如下图所示，已知材料的许可应力 $[\sigma]=10$MPa，试校核该梁的弯曲正应力强度。（8分）

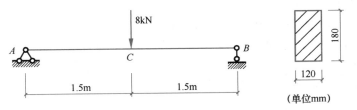

（单位mm）

综合考核（二）

一、填空题（每题 1 分，共 10 分）

1. 力的三要素是_____、_____、_____，所以力是矢量。

2. 在任何外力作用下，大小和形状保持不变的物体称_____。

3. 如果在一个力系中，各力的作用线均匀分布在同一平面内，但它们既不完全平行，又不汇交于一点，我们将这种力系称为_____。

4. 力偶在坐标轴上的投影的代数和等于_____。

5. 平面力系平衡的必要和充分条件是，力系的主矢等于_____，对任意点的主矩等于_____。

6. 梁变形后的轴线所在平面与荷载的作用平面重合的弯曲变形称为_____。

7. 杆件的基本变形形式有四种：轴向拉伸或_____、_____、剪切、_____。

8. 以弯曲变形为主的杆件，通常称为_____。

9. 低碳钢的应力-应变图中，弹性阶段最高点相对应的应力 σ_e 称为材料的_____。

10. 当梁受力弯曲后，某横截面上只有弯矩而无剪力，这种弯曲称为_____。

二、选择题（每题 1 分，共 19 分）

1. 固定端约束通常有（　　）个约束反力。

A. 一　　　　　　　B. 二　　　　　　　C. 三　　　　　　　D. 四

2. 一般来说，拉杆的内力有（　　）。

A. 轴力　　　　　　B. 剪力　　　　　　C. 弯矩　　　　　　D. 扭矩

3. 各力的作用线都在同一平面内的力系称为（　　）。

A. 平面力系　　　　　　　　　　B. 空间力系

C. 汇交力系　　　　　　　　　　D. 平行力系

4. （　　）是引起弯曲变形的主要因素。

A. 弯矩　　　　　　　　　　　　B. 剪力

C. 构件截面形状　　　　　　　　D. 构件截面长度

5. 建筑结构只能采用的是（　　）。

A. 几何不变体系　　　　　　　　B. 瞬变体系

C. 几何可变体系　　　　　　　　D. 常变体系

6. 轴向拉（压）时，杆件截面上的应力分布规律为（　　）。

A. 轴线应力为零，边缘应力最大　　B. 均匀分布

C. 轴线应力最大，边缘应力为零　　D. 无规律

7. 根据（　　），可以将一个力等效为一个力和一个力偶。

A. 作用力与反作用力公理　　　　B. 加减平衡力系公理

C. 力的平移定理　　　　　　　　D. 二力平衡公理

8. 在剪力为零的截面上，弯矩一定为（　　）。

A. 最大值　　　　　B. 最小值　　　　　C. 极值　　　　　　D. 零

9. 低碳钢拉伸试验的应力与应变曲线大致可以分为四个阶段，这四个阶段大致分

为（　　）。

   A. 弹性阶段、屈服阶段、强化阶段、颈缩破坏阶段

   B. 弹性阶段、塑性变形阶段、强化阶段、局部变形阶段

   C. 弹性阶段、屈服阶段、塑性变形阶段、断裂阶段

   D. 屈服阶段、塑性变形阶段、断裂阶段、强化阶段

10. 如下图所示．作用在刚体上的力 F 从 A 点移动到 B 点后，以下说法正确的是（　　）。

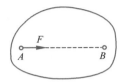

   A. 刚体顺时针转动   B. 刚体逆时针转动

   C. 刚体沿作用方向移动   D. 不改变作用效果

11. 如下图所示的结构为（　　）。

   A. 几何可变体系

   B. 几何瞬变体系

   C. 几何不变体系，无多余约束

   D. 几何不变体系，有一个多余约束

12. 力偶矩的大小取决于（　　）。

   A. 力偶合力与力偶臂   B. 力偶中任一力和力偶臂

   C. 力偶中任一力与矩心位置   D. 力偶在其平面内位置及方向

13. 平衡是物体相对于（　　）保持静止状态或匀速直线运动。

   A. 地球   B. 参照物   C. 太阳   D. 月亮

14. 二力平衡是作用在（　　）个物体上的一对等值、反向、共线的力。

   A. 一   B. 二   C. 三   D. 四

15. 有圆形、正方形、矩形三种截面，在面积相同的情况下，能取得惯性矩较大的截面是（　　）。

   A. 圆形   B. 正方形   C. 矩形   D. 不能确定

16. 静定杆件的应力与杆件所受的（　　）有关。

   A. 外力   B. 外力、截面

   C. 外力、截面、材料   D. 外力、截面、杆长、材料

17. 在国际单位制中，力的单位是（　　）。

   A. 牛顿   B. 千克   C. 兆帕   D. 帕斯卡

18. 约束反力中能确定约束反力方向的约束为（　　）。

   A. 固定铰支座   B. 固定端支座

   C. 可动铰支座   D. 光滑接触面

19. 若刚体在两个力作用下处于平衡，则此两个力必（　　）。

A. 大小相等，方向相反，作用在同一直线

B. 大小相等，作用在同一直线

C. 方向相反，作用在同一直线

D. 大小相等

三、绘图题（每题 3 分，共 15 分）

1. 重力为 G 的球置于光滑的斜面上，并用绳索拉住，如下图所示，试画出小球的受力图。（3 分）

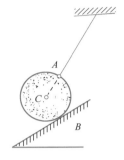

2. 画出下图所示物体的受力图。（3 分）

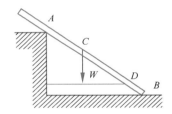

3. 画出下图所示梁的受力图。（3 分）

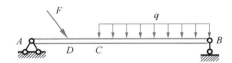

4. 画出下图每个构件及整体的受力图。（3 分）

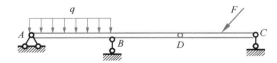

5. 绘制下图简支梁的弯矩图与剪力图。（3 分）

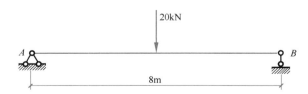

四、判断题（每题 1 分，共 15 分）

1. 平面任意力系简化最终结果为一个合力。（　　）
2. 在任何外力作用下，大小和形状均保持不变的物体称为刚体。（　　）
3. 可把作用在刚体上的力 F 平移到任一点，但必须同时附加一个力偶，附加力偶的矩等于原来的力 F 对新作用点的矩。（　　）
4. 简支梁在跨中受集中力 P 作用时，跨中的剪力一定最大。（　　）
5. 力偶不能和一个力平衡，力偶只能与力偶平衡。（　　）
6. 塑性材料的抗压能力一般大于抗拉能力。（　　）
7. 一个单铰相当于一个约束。（　　）
8. 凡是两端用铰链连接的直杆都是二力杆。（　　）
9. 当横截面上的剪力最大时，所对应横截面上的弯矩也最大。（　　）
10. 轴力指向背离截面为压力。（　　）
11. 在拉（压）杆中，轴力最大的截面一定是危险截面。（　　）
12. 力的三要素中任意改变一个要素，不会改变力对物体的作用效果。（　　）
13. 平面任意力系简化最终结果为一个合力偶矩。（　　）
14. 约束是阻碍物体运动的限制物。（　　）
15. 梁的抗弯刚度只与材料有关。（　　）

五、计算题（每题 8 分，共 40 分）

1. 一简支梁受两个力 F_1、F_2 作用，如下图所示，已知 $F_1=10kN$，$F_2=10kN$，梁自重忽略不计，试求 A、B 处的支座反力（保留两位小数）。（8 分）

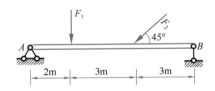

2. 试计算下图轴向拉（压）杆各段的轴力，并绘制出杆件的轴力图。（8 分）

3. 求下图所示梁的支座反力及 C 截面的弯矩和 1-1 截面的剪力。

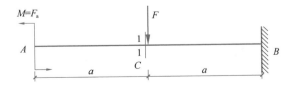

4. 求下图所示梁的支座反力及 B 截面和 C 截面的弯矩。（8 分）

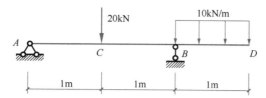

5. 如下图所示轴向拉（压）杆，AB 段横截面面积为 $A_2 = 800\text{mm}^2$，BC 段横截面面积为 $A_1 = 600\text{mm}^2$，试求各段的工作应力。（8 分）

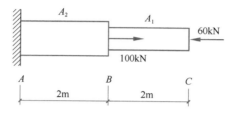

参 考 文 献

[1]　沈养中 . 建筑力学[M]. 北京：高等教育出版社，2018.

[2]　宫素芝，吴栋，陈淳慧 . 建筑力学基础[M]. 武汉：华中科技大学出版社，2018.

[3]　吴承霞，刘卫红 . 建筑力学与结构[M]. 武汉：武汉理工大学出版社，2011.

[4]　刘晓敏 . 建筑力学与结构上册[M]. 北京：高等教育出版社，2015.

[5]　包世华 . 结构力学上册[M]. 5 版 . 武汉：武汉理工大学出版社，2018.

[6]　陈鹏 . 建筑力学与结构[M]. 北京：北京理工大学出版社，2018.

[7]　刘可定，谭敏 . 胡婷婷 . 建筑力学[M]. 4 版 . 长沙：中南大学出版社，2018.

[8]　江怀雁，陈春梅 . 建筑力学[M]. 北京：机械工业出版社，2019.

[9]　廖永宜，杨清荣 . 建筑力学[M]. 北京：冶金工业出版社，2018.

[10]　董传卓，胡翠平，刘运生 . 建筑力学[M]. 武汉：武汉大学出版社，2018.

[11]　金舜卿，李蔚英 . 土木工程力学[M]. 2 版 . 南京：东南大学出版社，2021.

[12]　祁皑，林伟 . 结构力学[M]. 3 版 . 北京：中国建筑工业出版社，2023.

[13]　丁晓玲，赵霖 . 建筑力学[M]. 郑州：黄河水利出版社，2013.